机器学习

数学基础一本通

（Python版）

洪锦魁◎著

清华大学出版社

北京

内 容 简 介

这是一本具有高中数学知识就能读懂的机器学习图书，书中通过大量程序实例，将复杂的公式重新拆解，详细、清晰地解读了机器学习中常用的数学知识，一步步带领读者进入机器学习的领域。

本书共 22 章，主要讲解了数据可视化、math 模块、sympy 模块、numpy 模块、方程式、函数、最小平方方法、集合、概率、贝叶斯定理、指数、对数、欧拉数、逻辑函数、三角函数、大型运算符、向量、矩阵与线性回归等数学知识。

本书语言简明，案例丰富，实用性强，适合有志于机器学习领域的研究者和爱好者、海量数据挖掘与分析人员、金融智能化从业人员阅读，也适合作为高等院校机器学习相关专业的教材。

图书在版编目（CIP）数据

机器学习数学基础一本通 : Python 版 / 洪锦魁著 . —北京：清华大学出版社，2021.3
ISBN 978-7-302-57427-9

Ⅰ . ①机… Ⅱ . ①洪… Ⅲ . ①机器学习 Ⅳ . ① TP181

中国版本图书馆 CIP 数据核字 (2021) 第 019668 号

责任编辑： 杜 杨
封面设计： 杨玉兰
责任校对： 胡伟民
责任印制： 杨 艳

出版发行： 清华大学出版社
         网 址：http://www.tup.com.cn，http://www.wqbook.com
         地 址：北京清华大学学研大厦 A 座   邮 编：100084
         社 总 机：010-62770175   邮 购：010-83470235
         投稿与读者服务：010-62776969，c-service@tup.tsinghua.edu.cn
         质 量 反 馈：010-62772015，zhiliang@tup.tsinghua.edu.cn
印 装 者： 涿州汇美亿浓印刷有限公司
经 销： 全国新华书店
开 本： 170mm×240mm   **印 张：** 15   **字 数：** 505 千字
版 次： 2021 年 4 月第 1 版   **印 次：** 2021 年 4 月第 1 次印刷
定 价： 99.00 元

产品编号：090717-01

前　　言

近几年每当无法入眠时，只要拿起人工智能、机器学习或深度学习的书籍，看到复杂的数学公式，我就可以立即进入梦乡，这些书籍成了我的"安眠药"。

所以，一直以来我总想写一本具有高中数学知识就能读懂的人工智能、机器学习或深度学习的书籍（看了不想睡觉也行），这个理念成为我撰写本书的重要动力。

在彻底研究机器学习后，我体会到许多基础数学知识本身不难，只是大家对它们生疏了。如果在书中将复杂公式从基础开始一步一步推导，其实可以很容易带领读者进入机器学习的领域，让读者感受到数学不再艰涩。这也是我撰写本书时不断提醒自己要留意的事项。

研究机器学习时，虽然有很多模块可以使用，但是一个人如果不懂相关的数学原理，坦白说我不相信未来他能在这个领域有所成就。本书主要讲解了以下数学基础知识。

- ❏ 数据可视化模块 matplotlib
- ❏ 基础数学模块 math
- ❏ 基础数学模块 sympy
- ❏ 数学应用模块 numpy
- ❏ 机器学习基本概念
- ❏ 方程式与函数
- ❏ 方程式与机器学习
- ❏ 从勾股定理看机器学习
- ❏ 联立方程式、联立不等式与机器学习
- ❏ 机器学习需要知道的二次函数
- ❏ 机器学习的最小平方法
- ❏ 机器学习必须懂的集合与概率
- ❏ 概率与贝叶斯定理的运用
- ❏ 指数与对数的运算规则
- ❏ 机器学习中重要的欧拉数 (Euler's Number) 及其由来
- ❏ 逻辑函数与 logit 函数
- ❏ 三角函数

❑　　大型运算符

❑　　向量、矩阵与线性回归

　　本书沿袭了我之前所著图书的特色，程序实例丰富。相信读者只要遵循书中内容进行学习，必定可以在最短时间内掌握机器学习的基础数学知识。书中案例的代码文件请扫描封底二维码进行下载。

　　本书虽力求完美，但不足与疏漏在所难免，尚祈读者不吝指正。

洪锦魁

目　　录

第 1 章

数据可视化

机器学习中许多时候需要将数据可视化，方便更直观地表现目前的数据，所以本书先介绍数据图形的绘制，所使用的工具是 matplotlib 绘图库模块，使用前需先安装：

pip install matplotlib

matplotlib 是一个庞大的绘图库模块，本章我们只导入其中的 pyplot 子模块就可以完成许多图表绘制，如下所示，未来就可以使用 plt 调用相关的方法。

import matplotlib.pyplot as plt

本章将叙述 matplotlib 的重点内容，完整使用说明可以参考 matplotlib 的官方网站。

1-1 认识 matplotlib.pyplot 模块的主要函数

下列是绘制图表的常用函数。

函数名称	说明
plot(系列数据)	绘制折线图
scatter(系列数据)	绘制散点图
hist(系列数据)	绘制直方图

下列是坐标轴设定的常用函数。

函数名称	说明
title(标题)	设定坐标轴的标题
axis( )	可以设定坐标轴的最小和最大刻度范围
xlim(x_Min, x_Max)	设定 x 轴的刻度范围
ylim(y_Min, y_Max)	设定 y 轴的刻度范围
label(名称)	设定图表标签图例
xlabel(名称)	设定 x 轴的名称
ylabel(名称)	设定 y 轴的名称
xticks(刻度值)	设定 x 轴刻度值
yticks(刻度值)	设定 y 轴刻度值
tick_params( )	设定坐标轴的刻度大小、颜色
legend( )	设定坐标的图例
text( )	在坐标轴指定位置输出字符串
grid( )	图表增加网格线
show( )	显示图表
cla( )	清除图表

下列是图片的读取与储存的函数。

函数名称	说明
imread(文件名)	读取图片文件
savefig(文件名)	将图片存入文件

1-2　绘制简单的折线图 plot( )

这一节将从最简单的折线图开始解说，常用语法格式如下：

```
plot(x, y, lw=x, ls='x', label='xxx', color)
```

x：x 轴系列值，如果省略系列自动标记 0，1，…，可参考 1-2-1 节。

y：y 轴系列值，可参考 1-2-1 节。

lw：linewidth 的缩写，折线图的线条宽度，可参考 1-2-2 节。

ls：linestyle 的缩写，折线图的线条样式，可参考 1-2-6 节。

color：缩写是 c，可以设定色彩，可参考 1-2-6 节。

label：图表的标签，可参考 1-2-8 节。

1-2-1　画线基础实践

将含数据的列表当作参数传给 plot( )，列表内的数据会被视为 y 轴的值，x 轴的值会依列表值的索引位置自动产生。

程序实例 ch1_1.py：绘制折线，square[ ] 列表有 9 笔数据代表 y 轴值，数据基本上是 x 轴索引 $0 \sim 8$ 的平方值序列，这个实例使用列表生成式建立 x 轴数据。

```
1  # ch1_1.py
2  import matplotlib.pyplot as plt
3
4  x = [x for x in range(9)]         # 产生0, 1, ... 8列表
5  squares = [0, 1, 4, 9, 16, 25, 36, 49, 64]
6  plt.plot(x, squares)              # 列表squares数据是y轴的值
7  plt.show()
```

执行结果

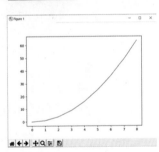

在绘制线条时，预设颜色是蓝色，更多相关设定 1-2-6 节会讲解。如果 x 轴的数据是 0，1，…，n 时，在使用 plot( ) 时我们可以省略 x 轴数据，可以参考下列程序实例。

程序实例 ch1_2.py：重新设计 ch1_1.py，此实例省略 x 轴数据。

```
1  # ch1_2.py
2  import matplotlib.pyplot as plt
3
4  squares = [0, 1, 4, 9, 16, 25, 36, 49, 64]
5  plt.plot(squares)        # 列表squares数据是y轴的值
6  plt.show()
```

执行结果

与 ch1_1.py 相同。

从上述执行结果可以看到左下角的轴刻度不是 (0,0)，我们可以使用 axis( ) 设定 x、y 轴的最小和最大刻度。

程序实例 ch1_3.py：重新设计 ch1_2.py，将 x 轴刻度设为 $0 \sim 8$，y 轴刻度设为 $0 \sim 70$。

```python
1  # ch1_3.py
2  import matplotlib.pyplot as plt
3
4  squares = [0, 1, 4, 9, 16, 25, 36, 49, 64]
5  plt.plot(squares)        # 列表squares数据是y轴的值
6  plt.axis([0, 8, 0, 70])  # x轴刻度0～8, y轴刻度0～70
7  plt.show()
```

执行结果

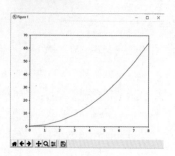

在做数据分析时，有时候会想要在图表内增加网格线，这可以让图表中 x 轴值对应的 y 轴值更加清楚，可以使用 grid( ) 函数。

程序实例 ch1_3_1.py：增加网格线重新设计 ch1_3.py，此程序重点是第 7 行。

```python
1  # ch1_3_1.py
2  import matplotlib.pyplot as plt
3
4  squares = [0, 1, 4, 9, 16, 25, 36, 49, 64]
5  plt.plot(squares)        # 列表squares数据是y轴的值
6  plt.axis([0, 8, 0, 70])  # x轴刻度0-8, y轴刻度0-70
7  plt.grid()
8  plt.show()
```

执行结果

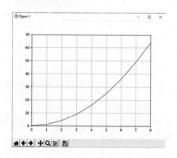

1-2-2 线条宽度 linewidth

使用 plot( ) 时预设线条宽度是 1，可以多加一个 linewidth（缩写是 lw）参数设定线条的粗细。

程序实例 ch1_4.py：设定线条宽度是 10，使用 lw=10。

```python
1  # ch1_4.py
2  import matplotlib.pyplot as plt
3
4  squares = [0, 1, 4, 9, 16, 25, 36, 49, 64]
5  plt.plot(squares, lw=10)
6  plt.show()
```

执行结果

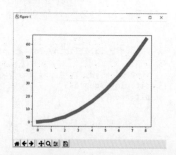

1-2-3 标题的显示

目前 matplotlib 模块默认不支持中文显示，笔者将在 1-5 节讲解如何让图表显示中文，下列是几个显示标题的重要方法。

title(标题名称 , fontsize= 字号)   # 图表标题

xlabel(标题名称 , fontsize= 字号)   # x 轴标题

ylabel(标题名称 , fontsize= 字号)   # y 轴标题

上述方法默认字号大小是 12，但是可以使用 fontsize 参数更改字号。

程序实例 ch1_5.py：使用默认字号为图表与 x、y 轴建立标题。

```
1 # ch1_5.py
2 import matplotlib.pyplot as plt
3
4 squares = [0, 1, 4, 9, 16, 25, 36, 49, 64]
5 plt.plot(squares, lw=10)
6 plt.title('Test Chart')
7 plt.xlabel('Value')
8 plt.ylabel('Square')
9 plt.show()
```

执行结果

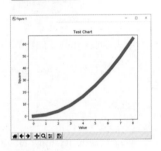

程序实例 ch1_6.py：使用设定字号 24 建立图表标题，字号 16 建立 x、y 轴标题。

```
1 # ch1_6.py
2 import matplotlib.pyplot as plt
3
4 squares = [0, 1, 4, 9, 16, 25, 36, 49, 64]
5 plt.plot(squares, lw=10)
6 plt.title('Test Chart', fontsize=24)
7 plt.xlabel('Value', fontsize=16)
8 plt.ylabel('Square', fontsize=16)
9 plt.show()
```

执行结果

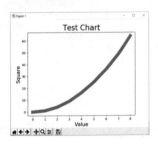

1-2-4 坐标轴刻度的设定

在设计图表时可以使用 tick_params( ) 设计设定坐标轴的刻度大小、颜色以及应用范围。

tick_params(axis= 'xx' , labelsize=xx, color= 'xx')
# labelsize 的 xx 代表刻度大小

如果 axis 的 xx 是 both，代表应用到 x 轴和 y 轴；如果 xx 是 x，代表应用到 x 轴；如果 xx 是 y，代表应用到 y 轴。color 则是设定刻度的线条颜色，例如：red 代表红色，1-2-6 节将有颜色表。

程序实例 ch1_7.py：使用不同刻度与颜色绘制图表。

```
1  # ch1_7.py
2  import matplotlib.pyplot as plt
3
4  squares = [0, 1, 4, 9, 16, 25, 36, 49, 64]
5  plt.plot(squares, lw=10)
6  plt.title('Test Chart', fontsize=24)
7  plt.xlabel('Value', fontsize=16)
8  plt.ylabel('Square', fontsize=16)
9  plt.tick_params(axis='both', labelsize=12, color='red')
10 plt.show()
```

执行结果

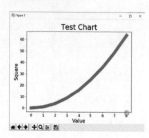

1-2-5　多组数据的应用

目前所有的图表皆是只有一组数据，其实可以扩充多组数据，只要在 plot( ) 内增加数据列表参数即可。此时 plot( ) 的参数如下：

```
plot(seq, 第一组数据, seq, 第二组数据, … )
```

程序实例 ch1_8：设计含多组数据的图表。

```
1  # ch1_8.py
2  import matplotlib.pyplot as plt
3
4  data1 = [1, 4, 9, 16, 25, 36, 49, 64]    # data1线条
5  data2 = [1, 3, 6, 10, 15, 21, 28, 36]    # data2线条
6  seq = [1,2,3,4,5,6,7,8]
7  plt.plot(seq, data1, seq, data2)         # data1&2线条
8  plt.title("Test Chart", fontsize=24)
9  plt.xlabel("x-Value", fontsize=14)
10 plt.ylabel("y-Value", fontsize=14)
11 plt.tick_params(axis='both', labelsize=12, color='red')
12 plt.show()
```

执行结果

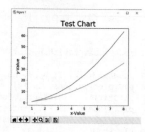

上述以不同颜色显示线条是系统默认，我们也可以自定义线条色彩。

1-2-6　线条色彩与样式

如果想设定线条色彩，可以在 plot( ) 内增加下列 color 颜色参数设定，下列是常见的色彩。

色彩字符	色彩说明
'b'	blue(蓝色)
'c'	cyan(青色)
'g'	green(绿色)
'k'	black(黑色)
'm'	magenta(品红)
'r'	red(红色)

色彩字符	色彩说明
'w'	white(白色)
'y'	yellow(黄色)

下列是常见的样式。

字符	说明
'-' 或 'solid'	实线
'--' 或 'dashed'	虚线
'-.' 或 'dashdot'	虚点线
':' 或 'dotted'	点线
'.'	点标记
','	像素标记
'o'	圆标记
'v'	反三角标记
'^'	三角标记
'<'	左三角形
'>'	右三角形
's'	方形标记
'p'	五角标记
'*'	星星标记
'+'	加号标记
'-'	减号标记
'x'	X 标记
'H'	六边形 1 标记
'h'	六边形 2 标记

上述可以混合使用，例如 'r-.' 代表红色虚点线。

程序实例 ch1_9.py：采用不同色彩与线条样式绘制图表。

```
1  # ch1_9.py
2  import matplotlib.pyplot as plt
3
4  data1 = [1, 2, 3, 4, 5, 6, 7, 8]              # data1线条
5  data2 = [1, 4, 9, 16, 25, 36, 49, 64]         # data2线条
6  data3 = [1, 3, 6, 10, 15, 21, 28, 36]         # data3线条
7  data4 = [1, 7, 15, 26, 40, 57, 77, 100]       # data4线条
8
9  seq = [1, 2, 3, 4, 5, 6, 7, 8]
10 plt.plot(seq, data1, 'g--', seq, data2, 'r-.', seq, data3, 'y:', seq, data4, 'k.')
11 plt.title("Test Chart", fontsize=24)
12 plt.xlabel("x-Value", fontsize=14)
13 plt.ylabel("y-Value", fontsize=14)
14 plt.tick_params(axis='both', labelsize=12, color='red')
15 plt.show()
```

执行结果

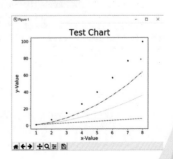

上述第 10 行最右边的 'k.' 代表绘制黑点而不是绘制线条，读者也可以使用不同颜色绘制散点图，1-3 节也会介绍另一个方法 scatter( ) 绘制散点图。上述格式应用是很灵活的，如果我们使用 '-*' 可以绘制线条，同时在指定点加上星星标记。注：如果没有设定颜色，系统会自行配置颜色。

程序实例 ch1_10.py：重新设计 ch1_9.py 绘制线条，同时为各个点加上标记，程序重点是第 10 行。

```python
1  # ch1_10.py
2  import matplotlib.pyplot as plt
3
4  data1 = [1, 2, 3, 4, 5, 6, 7, 8]           # data1线条
5  data2 = [1, 4, 9, 16, 25, 36, 49, 64]      # data2线条
6  data3 = [1, 3, 6, 10, 15, 21, 28, 36]      # data3线条
7  data4 = [1, 7, 15, 26, 40, 57, 77, 100]    # data4线条
8
9  seq = [1, 2, 3, 4, 5, 6, 7, 8]
10 plt.plot(seq, data1, '-*', seq, data2, '-o', seq, data3, '-^', seq, data4, '-s')
11 plt.title("Test Chart", fontsize=24)
12 plt.xlabel("x-Value", fontsize=14)
13 plt.ylabel("y-Value", fontsize=14)
14 plt.tick_params(axis='both', labelsize=12, color='red')
15 plt.show()
```

执行结果

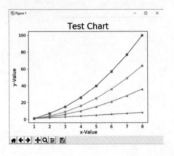

1-2-7 刻度设计

目前，所有图表的 x 轴和 y 轴的刻度皆是 plot( ) 方法针对所输入的参数默认设定的，请先参考下列实例。

程序实例 ch1_11.py：假设 3 大品牌车辆 2021—2023 年的销售数据如下：

Benz	3367	4120	5539
BMW	4000	3590	4423
Lexus	5200	4930	5350

请将上述数据绘制成图表。

```python
1  # ch1_11.py
2  import matplotlib.pyplot as plt
3
4  Benz = [3367, 4120, 5539]              # Benz线条
5  BMW = [4000, 3590, 4423]               # BMW线条
6  Lexus = [5200, 4930, 5350]             # Lexus线条
7
8  seq = [2021, 2022, 2023]               # 年度
9  plt.plot(seq, Benz, '-*', seq, BMW, '-o', seq, Lexus, '-^')
10 plt.title("Sales Report", fontsize=24)
11 plt.xlabel("Year", fontsize=14)
12 plt.ylabel("Number of Sales", fontsize=14)
13 plt.tick_params(axis='both', labelsize=12, color='red')
14 plt.show()
```

执行结果

上述程序最大的遗憾是 x 轴的刻度，对我们而言，其实只要有 2021、2022、2023 这 3 个刻度即可，还好可以使用 pyplot 模块的 xticks( )、yticks( ) 分别设定 x、y 轴刻度，可参考下列实例。

程序实例 ch1_12.py：重新设计 ch1_11.py，自行设定刻度，这个程序的重点是第 9 行，将 seq 列表当作参数放在 plt.xticks( ) 内。

```
1  # ch1_12.py
2  import matplotlib.pyplot as plt
3
4  Benz = [3367, 4120, 5539]                    # Benz线条
5  BMW = [4000, 3590, 4423]                      # BMW线条
6  Lexus = [5200, 4930, 5350]                    # Lexus线条
7
8  seq = [2021, 2022, 2023]                      # 年度
9  plt.xticks(seq)                              # 设定x轴刻度
10 plt.plot(seq, Benz, '-*', seq, BMW, '-o', seq, Lexus, '-^')
11 plt.title("Sales Report", fontsize=24)
12 plt.xlabel("Year", fontsize=14)
13 plt.ylabel("Number of Sales", fontsize=14)
14 plt.tick_params(axis='both', labelsize=12, color='red')
15 plt.show()
```

执行结果

1-2-8 图例 legend( )

本章所建立的图表，应该说已经很好了，缺点是缺乏各种线条代表的意义，在 Excel 中称图例 (legend)，下列笔者将直接以实例说明。

程序实例 ch1_13.py：为 ch1_12.py 建立图例。

```
1  # ch1_13.py
2  import matplotlib.pyplot as plt
3
4  Benz = [3367, 4120, 5539]                    # Benz线条
5  BMW = [4000, 3590, 4423]                      # BMW线条
6  Lexus = [5200, 4930, 5350]                    # Lexus线条
7
8  seq = [2021, 2022, 2023]                      # 年度
9  plt.xticks(seq)                              # 设定x轴刻度
10 plt.plot(seq, Benz, '-*', label='Benz')
11 plt.plot(seq, BMW, '-o', label='BMW')
12 plt.plot(seq, Lexus, '-^', label='Lexus')
13 plt.legend(loc='best')
14 plt.title("Sales Report", fontsize=24)
15 plt.xlabel("Year", fontsize=14)
16 plt.ylabel("Number of Sales", fontsize=14)
17 plt.tick_params(axis='both', labelsize=12, color='red')
18 plt.show()
```

执行结果

这个程序最大不同在第 10 ～ 12 行，下列是以第 10 行解释。

```
plt.plot(seq, Benz, '-*', label='Benz')
```

上述调用 plt.plot( ) 时需同时设定 label，最后使用第 13 行的方式执行 legend( ) 图例的调用。其中参数 loc 可以设定图例的位置，可以有下列设定方式：

'best'：0   'center left'：6

'upper right'：1   'center right'：7

'upper left'：2   'lower center'：8

'lower left'：3   'upper center'：9

'lower right'：4   'center'：10

'right'：5（与'center right'相同）

如果省略 loc 设定，则使用预设'best'，在应用时可以使用设定整数值，例如：设定 loc=0 与上述效果相同。若是顾虑程序可读性，建议使用文字字符串方式设定，当然也可以直接设定数字。

程序实例 ch1_13_1.py：在 ch1_13.py 的基础上省略 loc 设定。

```
13    plt.legend()
```

执行结果　　与 ch1_13.py 相同。

程序实例 ch1_13_2.py：在 ch1_13.py 的基础上设定 loc=0。

```
13    plt.legend(loc=0)
```

执行结果　　与 ch1_13.py 相同。

程序实例 ch1_13_3.py：在 ch1_13.py 的基础上设定图例在右上角。

```
13    plt.legend(loc='upper right')
```

执行结果　　下方左图。

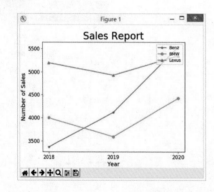 

程序实例 ch1_13_4.py：在 ch1_13.py 的基础上设定图例在左边中央。

```
13    plt.legend(loc=6)
```

执行结果　　如上右图。

经过上述解说，我们已经可以将图例放在图表内了。如果想将图例放在图表外，需要先理解坐标，在图表内左下角位置坐标是 (0,0)，右上角位置坐标是 (1,1)，概念如下：

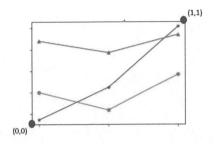

首先需要使用 bbox_to_anchor( ) 当作 legend( ) 的一个参数，设定锚点 (anchor)，也就是图例位置，例如：如果我们想将图例放在图表右上角外侧，需设定 loc='upper left'，然后设定 bbox_to_anchor(1,1)。

程序实例 ch1_13_5.py：在 ch1_13.py 的基础上将图例放在图表右上角外侧。

```
13  plt.legend(loc='upper left', bbox to anchor=(1,1))
```

执行结果　　下方左图。

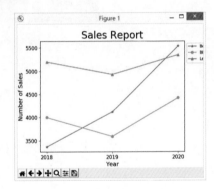 

上述最大的缺点是由于图表与 Figure 1 的留白不足，造成无法完整显示图例。matplotlib 模块内有 tight_layout( ) 函数，可利用设定 pad 参数在图表与 Figure 1 间设定留白。

程序实例 ch1_13_6.py：设定 pad=7，重新设计 ch1_13_5.py。

```
13  plt.legend(loc='upper left',bbox_to_anchor=(1,1))
14  plt.tight_layout(pad=7)
```

执行结果　　可参考如上右图。

很明显图例显示不完整的问题改善了。如果将 pad 改为 h_pad/w_pad 可以分别设定高度/宽度的留白。

1-2-9　保存与开启文件

图表设计完成，可以使用 savefig( ) 保存文件，这个方法需放在 show( ) 的前方，表示先储存再显示图表。

程序实例 ch1_14.py：扩充 ch1_13.py，在屏幕显示图表前，先将图表存入目前文件夹的 out1_14.jpg。

```
1  # ch1_14.py
2  import matplotlib.pyplot as plt
3
4  Benz = [3367, 4120, 5539]                    # Benz线条
5  BMW = [4000, 3590, 4423]                     # BMW线条
6  Lexus = [5200, 4930, 5350]                   # Lexus线条
7
8  seq = [2021, 2022, 2023]                     # 年度
9  plt.xticks(seq)                              # 设定x轴刻度
10 plt.plot(seq, Benz, '-*', label='Benz')
11 plt.plot(seq, BMW, '-o', label='BMW')
12 plt.plot(seq, Lexus, '-^', label='Lexus')
13 plt.legend(loc='best')
14 plt.title("Sales Report", fontsize=24)
15 plt.xlabel("Year", fontsize=14)
16 plt.ylabel("Number of Sales", fontsize=14)
17 plt.tick_params(axis='both', labelsize=12, color='red')
18 plt.savefig('out1_14.jpg', bbox_inches='tight')
19 plt.show()
```

执行结果

读者可以在 ch1 文件夹看到 out1_14.jpg 文件。

上述 plt.savefig( ) 中第一个参数是所存的文件名，第二个参数是将图表外多余的空间删除。

要开启文件可以使用 matplotlib.image 模块，可以参考下列实例。

程序实例 ch1_15.py：开启 out1_14.jpg 文件。

```
1  # ch1_15.py
2  import matplotlib.pyplot as plt
3  import matplotlib.image as img
4
5  fig = img.imread('out1_14.jpg')
6  plt.imshow(fig)
7  plt.show()
```

执行结果

上述程序可以顺利开启 out1_14.jpg 文件。

1-2-10 在图上标记文字

在绘制图表过程中，有时需要在图上标记文字，这时可以使用 text( ) 函数，此函数基本格式如下：

text(x, y, '文字符串')

x，y 是文字输出的左下角坐标，它不是绝对坐标，是相对坐标，大小会随着坐标刻度增减。

程序实例 ch1_15_1.py：增加文字重新设计 ch1_3_1.py。

```
1  # ch1_15_1.py
2  import matplotlib.pyplot as plt
3
4  squares = [0, 1, 4, 9, 16, 25, 36, 49, 64]
5  plt.plot(squares)              # 列表squares数据是y轴的值
6  plt.axis([0, 8, 0, 70])        # x轴刻度0～8，y轴刻度0～70
7  plt.text(2, 30, 'Deepen your mind')
8  plt.grid()
9  plt.show()
```

执行结果

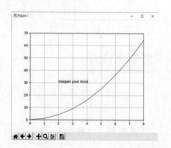

1–3　绘制散点图 scatter( )

前方介绍了可以使用 plot( ) 绘制散点图，本节将介绍绘制散点图的常用方法 scatter( )。

1–3–1　基本散点图的绘制

绘制散点图可以使用 scatter( )，基本语法如下（更多参数后面章节会解说）：

    scatter(x, y, s, c, cmap)

x，y：在 (x,y) 位置绘图。

s：绘图点的大小，预设是 20。

c：颜色，可以参考 1-2-6 节。

cmap：彩色图表，可以参考 1-4-5 节。

程序实例 ch1_16.py：在坐标轴 (5,5) 绘制一个点。

```
1  # ch1_16.py
2  import matplotlib.pyplot as plt
3
4  plt.scatter(5, 5)
5  plt.show()
```

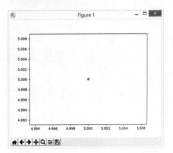

执行结果

1–3–2　绘制系列点

如果我们想绘制系列点，可以将系列点的 x 轴值放在一个列表，y 轴值放在另一个列表，然后将这 2 个列表作为参数放在 scatter( ) 即可。

程序实例 ch1_17.py：绘制系列点的应用。

```
1  # ch1_17.py
2  import matplotlib.pyplot as plt
3
4  xpt = [1,2,3,4,5]
5  ypt = [1,4,9,16,25]
6  plt.scatter(xpt, ypt)
7  plt.show()
```

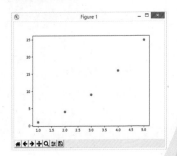

执行结果

在程序设计时，有些系列点的坐标可能是由程序产生，其实应用方式是一样的。另外，可以在 scatter( ) 内增加 color（也可用 c）参数，可以设定点的颜色。

程序实例 ch1_18.py：绘制黄色的系列点，这个系列点有 100 个点，x 轴的点由 range(1,101) 产生，相对应 y 轴的值则是 x 的平方值。

```
1  # ch1_18.py
2  import matplotlib.pyplot as plt
3
4  xpt = list(range(1,101))
5  ypt = [x**2 for x in xpt]
6  plt.scatter(xpt, ypt, color='y')
7  plt.show()
```

执行结果

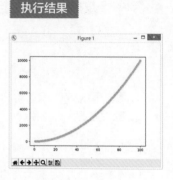

上述程序第 6 行是直接指定色彩，也可以使用 RGB(Red，Green，Blue) 颜色模式设定色彩，RGB( ) 内每个参数数值是 0 ～ 1。

1-3-3　设定绘图区间

可以使用 axis( ) 设定绘图区间，语法格式如下：

```
axis([xmin, xmax, ymin, ymax])          # 分别代表 x 轴和 y 轴的最小和最大区间
```

程序实例 ch1_19.py：设定绘图区间为 [0,100,0,10000] 的应用，读者可以将这个执行结果与 ch1_18.py 做比较。

```
1  # ch1_19.py
2  import matplotlib.pyplot as plt
3
4  xpt = list(range(1,101))
5  ypt = [x**2 for x in xpt]
6  plt.axis([0, 100, 0, 10000])          # 参数是列表
7  plt.scatter(xpt, ypt, color=(0, 1, 0))  # 绿色
8  plt.show()
```

执行结果

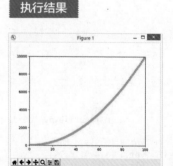

上述程序第 5 行是依据 xpt 列表产生 ypt 列表值的方式，由于网络上有很多文章使用数组方式产生图表列表，所以下一节笔者将对此做出说明，期待可为读者建立基础。

1-4　numpy 模块

numpy 是 Python 的一个扩充模块，可以支持多维度空间的数组与矩阵运算，本节笔者将对其最简单的产生数组的功能做解说，由此可以将这个功能扩充到数据图表的设计。使用前我们需导入 numpy 模块，如下所示：

```
import numpy as np
```

1-4-1　建立一个简单的数组 linspace( ) 和 arange( )

在 numpy 模块中最基本的就是 linspace( ) 方法，使用它可以很方便地产生等距的数组，它的语法如下：

```
linspace(start, end, num)
```

start 是起始值，end 是结束值，num 是设定产生多少个等距点的数组值，num 的默认值是 50。

在网络上阅读他人使用 Python 设计的图表时，常看到的产生数组的方法是 arange( )。其语法如下：

```
arange(start, stop, step)                        # start 和 step 可以省略
```

start 是起始值，如果省略默认值是 0。stop 是结束值，但是所产生的数组不包含此值。step 是数组相邻元素的间距，如果省略默认值是 1。

程序实例 ch1_20.py：建立 0, 1, …, 9, 10 的数组。

```
1  # ch1_20.py
2  import numpy as np
3
4  x1 = np.linspace(0, 10, num=11)      # 使用linspace()产生数组
5  print(type(x1), x1)
6  x2 = np.arange(0,11,1)               # 使用arange()产生数组
7  print(type(x2), x2)
8  x3 = np.arange(11)                   # 简化语法产生数组
9  print(type(x3), x3)
```

执行结果

```
=========== RESTART: D:/Python Machine Learning Math/ch1/ch1_20.py ===========
<class 'numpy.ndarray'> [ 0.  1.  2.  3.  4.  5.  6.  7.  8.  9. 10.]
<class 'numpy.ndarray'> [ 0  1  2  3  4  5  6  7  8  9 10]
<class 'numpy.ndarray'> [ 0  1  2  3  4  5  6  7  8  9 10]
```

1-4-2　绘制波形

中学数学中我们有学过 sin( ) 和 cos( ) 概念，其实有了数组数据，我们可以很方便地绘制正弦和余弦的波形变化。单纯绘点可以使用 scatter( ) 方法，此方法使用格式如下：

```
scatter(x, y, marker='.', c(或color)='颜色')      # marker 如果省略会
使用预设
```

程序实例 ch1_21.py：绘制 sin( ) 和 cos( ) 的波形，在这个实例中调用 plt.scatter( ) 方法 2 次，相当于也可以绘制 2 次波形图表。

```
1  # ch1_21.py
2  import matplotlib.pyplot as plt
3  import numpy as np
4
5  xpt = np.linspace(0, 10, 500)       # 建立含500个元素的数组
6  ypt1 = np.sin(xpt)                  # y数组的变化
7  ypt2 = np.cos(xpt)
8  plt.scatter(xpt, ypt1, color=(0, 1, 0)) # 绿色
9  plt.scatter(xpt, ypt2)              # 预设颜色
10 plt.show()
```

执行结果

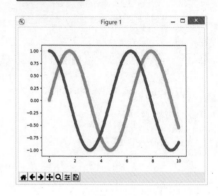

其实一般在绘制波形时，最常用的还是 plot( ) 方法。

程序实例 ch1_22.py：使用系统默认颜色，绘制不同波形的应用。

```
1  # ch1_22.py
2  import matplotlib.pyplot as plt
3  import numpy as np
4
5  left = -2 * np.pi
6  right = 2 * np.pi
7  x = np.linspace(left, right, 100)
8
9  f1 = 2 * np.sin(x)                  # y数组的变化
10 f2 = np.sin(2*x)
11 f3 = 0.5 * np.sin(x)
12
13 plt.plot(x, f1)
14 plt.plot(x, f2)
15 plt.plot(x, f3)
16 plt.show()
```

执行结果

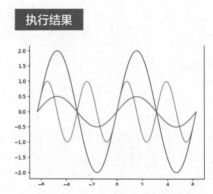

1-4-3　建立不等宽度的散点图

在 scatter( ) 方法中，(x,y) 的数据可以是列表也可以是矩阵，预设所绘制点大小 s 的值是 20，这个 s 可以是一个值也可以是一个数组数据，当它是一个数组数据时，利用更改数组值的大小，我们就可以建立不同大小的散点图。

在我们使用 Python 绘制散点图时，如果在两个点之间绘制了上百或上千个点，则可以产生绘制线条的视觉效果，如果每个点的大小不同，且依一定规律变化，则有特别的效果。

程序实例 ch1_23.py：建立一个不等宽度的图形。

```
1  # ch1_23.py
2  import matplotlib.pyplot as plt
3  import numpy as np
4
5  xpt = np.linspace(0, 5, 500)
6  ypt = 1 - 0.5*np.abs(xpt-2)
7  lwidths = (1+xpt)**2
8  plt.scatter(xpt, ypt, s=lwidths, color=(0, 1, 0))
9  plt.show()
```

执行结果

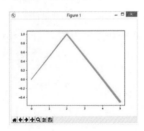

1-4-4　填满区间

在绘制波形时，如要填满区间，此时可以使用 matplotlib 模块的 fill_between( ) 方法，基本语法如下：

```
fill_between(x, y1, y2, color, alpha, options, … )  # options 是其他参数
```

上述会填满所有相对 x 轴数列 $y1$ 至 $y2$ 的区间，如果不指定填满颜色，则会使用预设的线条颜色填满，通常填满颜色会用较淡的颜色，所以可以设定 alpha 参数将颜色调淡。

程序实例 ch1_24.py：填满区间 $0 \sim y$，所使用的 y 轴值是函数式 $\sin(3x)$。

```
1  # ch1_24.py
2  import matplotlib.pyplot as plt
3  import numpy as np
4
5  left = -np.pi
6  right = np.pi
7  x = np.linspace(left, right, 100)
8  y = np.sin(3*x)              # y数组的变化
9
10 plt.plot(x, y)
11 plt.fill_between(x, 0, y, color='green', alpha=0.1)
12 plt.show()
```

执行结果

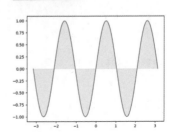

程序实例 ch1_25.py：填满区间 $-1 \sim y$，所使用的 y 轴值是函数式 $\sin(3x)$。

```
1  # ch1_25.py
2  import matplotlib.pyplot as plt
3  import numpy as np
4
5  left = -np.pi
6  right = np.pi
7  x = np.linspace(left, right, 100)
8  y = np.sin(3*x)              # y数组的变化
9
10 plt.plot(x, y)
11 plt.fill_between(x, -1, y, color='yellow', alpha=0.3)
12 plt.show()
```

执行结果

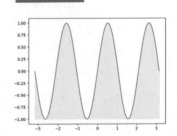

1-4-5 色彩映射

至今我们针对一组数组或列表所绘制的图表皆是单色，以 ch1_23.py 第 8 行为例，色彩设定是 color=(0,1,0)，这是固定颜色的用法。在色彩的使用中，允许色彩随着数据而做变化，此时色彩的变化是根据所设定的色彩映射值 (color mapping) 而定，例如有一个色彩映射值是 rainbow，内容如下：

数值低　　　　　　　　　　　数值高

在数组或列表中，数值低的值颜色在左边，会随数值变高往右边移动。当然在程序设计中，我们需要在 scatter( ) 中增加 color 设定参数 c，这时 color 的值就变成一个数组或列表。然后我们需要增加参数 cmap（英文是 color map），这个参数主要是指定使用哪一种色彩映射值。

程序实例 ch1_26.py：色彩映射的应用。　　　　　　　　　　　　　**执行结果**

```
1  # ch1_26.py
2  import matplotlib.pyplot as plt
3  import numpy as np
4
5  x = np.arange(100)
6  y = x
7  t = x
8  plt.scatter(x, y, c=t, cmap='rainbow')
9  plt.show()
```

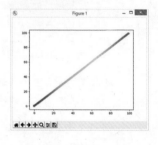

色彩映射也可以设定根据 x 轴的值做变化，或根据 y 轴的值做变化，整个效果是不一样的。

程序实例 ch1_27.py：重新设计 ch1_23.py，主要是设定固定点的宽度为 50，将色彩改为依 y 轴值变化，同时使用 hsv 色彩映射表。

```
8 plt.scatter(xpt, ypt, s=50, c=ypt, cmap='hsv')          # 色彩随y轴值变化
```

执行结果　如下方左图。

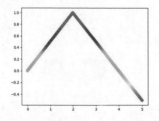 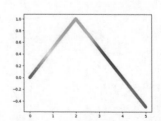

程序实例 ch1_28.py：重新设计 ch1_27.py，主要是将色彩改为依 x 轴值变化。

```
8 plt.scatter(xpt, ypt, s=50, c=xpt, cmap='hsv')          # 色彩随x轴值变化
```

执行结果　如上右图。

目前 matplotlib 协会所提供的色彩映射内容如下：

❑ 序列色彩映射表

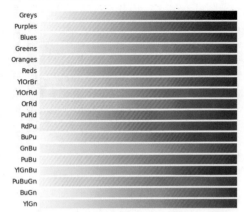

❑ 序列 2 色彩映射表

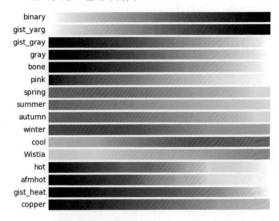

❑ 直觉一致的色彩映射表

❑ 发散式的色彩映射表

❑ 定性色彩映射表

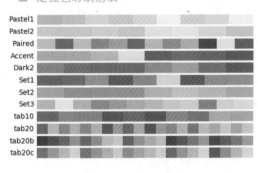

❑ 杂项色彩映射表

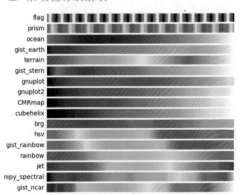

在大数据研究应用中，可以将数据以图表显示，然后用色彩判断整个数据的趋势。在结束本节之前，笔者举一个使用 colormap 绘制数组数据的实例，这个程序会使用下列方法。

```
imshow(img, cmap='xx')
```

参数 img 可以是图片，也可以是数组数据，此例是数组数据。这个函数常用在机器学习检测神经网络的输出中。

程序实例 ch1_29.py：绘制矩形数组数据。

```
1  # ch1_29.py
2  import matplotlib.pyplot as plt
3  import numpy as np
4
5  img = np.array([[0, 1, 2, 3],
6                  [4, 5, 6, 7],
7                  [8, 9, 10, 11],
8                  [12, 13, 14, 15]])
9
10 plt.imshow(img, cmap='Blues')
11 plt.colorbar()
12 plt.show()
```

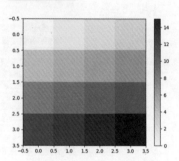

1-5 图表显示中文

matplotlib 无法显示中文，主要在于安装此模块时所配置的下列文件：

~Python37\Lib\site-packages\matplotlib\mpl-data\matplotlibrc

在此文件内的 font_sans-serif 中没有配置中文字体，我们可以在此字段增加中文字体，但是笔者不鼓励更改系统内建文件。笔者将使用动态配置方式处理，让图表显示中文字体。其实可以在程序内增加下列程序代码，rcParams( ) 方法可以为 matplotply 配置中文字体参数，就可以显示中文了。

```
from pylab import mlp                                # matplotlib 的子模块
mlp.rcParams[ "font.sans-serif" ] = [ "SimHei" ]     # 黑体
mlp.rcParams[ "axes.unicode_minus" ] = False          # 可以显示负号
```

另外，每个要显示的中文字符串需要在前面加上 u。

程序实例 ch1_30.py：重新设计 ch1_13.py，以中文显示报表。

```
1  # ch1_30.py
2  import matplotlib.pyplot as plt
3  from pylab import mpl
4
5  mpl.rcParams["font.sans-serif"] = ["SimHei"]      # 使用黑体
6
7  Benz = [3367, 4120, 5539]                          # Benz线条
8  BMW = [4000, 3590, 4423]                           # BMW线条
9  Lexus = [5200, 4930, 5350]                         # Lexus线条
10
11 seq = [2021, 2022, 2023]                           # 年度
12 plt.xticks(seq)                                    # 设定x轴刻度
13 plt.plot(seq, Benz, '-*', label='Benz')
14 plt.plot(seq, BMW, '-o', label='BMW')
15 plt.plot(seq, Lexus, '-^', label='Lexus')
16 plt.legend(loc='best')
17 plt.title(u"销售报表", fontsize=24)
18 plt.xlabel(u"年度", fontsize=14)
19 plt.ylabel(u"销售量", fontsize=14)
20 plt.tick_params(axis='both', labelsize=12, color='red')
21 plt.show()
```

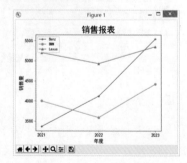

第 2 章

数学模块 math 和 sympy

Python 语言的标准数学模块是 math，这个模块内有与数学有关的变量与函数。此外，本章也将介绍线性代数与符号数学常用的模块 sympy。

2-1 数学模块的变量

在使用 math 模块前，请先导入此模块。

```
import math
```

常用数学模块的变量有：

pi：圆周率。　　　　　　　　　　　　　　e：自然对数的底。

程序实例 ch2_1.py：列出圆周率 pi 和自然对数的底 e。

```
1  # ch2_1.py
2  import math
3
4  print('pi = {}'.format(math.pi))
5  print('e  = {}'.format(math.e))
```

执行结果

```
pi = 3.141592653589793
e  = 2.718281828459045
```

2-2 一般函数

下列是常用的一般函数。

函数名称	说明
ceil(x)	可以得到不小于 x 的最小整数
floor(x)	可以得到不大于 x 的最大整数
gcd(x, y)	可以得到 x 和 y 的最大公约数
pow(x, y)	可以得到 x 的 y 次方
sqrt(x)	可以得到 x 的平方根

程序实例 ch2_2.py：ceil( ) 和 floor( ) 的应用。

```
1  # ch2_2.py
2  import math
3
4  print('ceil(2.1)   = {}'.format(math.ceil(2.1)))
5  print('ceil(2.9)   = {}'.format(math.ceil(2.9)))
6  print('ceil(-2.1)  = {}'.format(math.ceil(-2.1)))
7  print('ceil(-2.9)  = {}'.format(math.ceil(-2.9)))
8  print('floor(2.1)  = {}'.format(math.floor(2.1)))
9  print('floor(2.9)  = {}'.format(math.floor(2.9)))
10 print('floor(-2.1) = {}'.format(math.floor(-2.1)))
11 print('floor(-2.9) = {}'.format(math.floor(-2.9)))
```

执行结果

```
ceil(2.1)   = 3
ceil(2.9)   = 3
ceil(-2.1)  = -2
ceil(-2.9)  = -2
floor(2.1)  = 2
floor(2.9)  = 2
floor(-2.1) = -3
floor(-2.9) = -3
```

程序实例 ch2_3.py：求最大公约数 gcd( ) 的应用。

```
1  # ch2_3.py
2  import math
3
4  print('gcd(16, 40) = {}'.format(math.gcd(16, 40)))
5  print('gcd(28, 56) = {}'.format(math.gcd(28, 63)))
```

执行结果

```
gcd(16, 40) = 8
gcd(28, 56) = 7
```

程序实例 ch2_4.py：使用 pow( ) 求 x 的 y 次方。

```
1  # ch2_4.py
2  import math
3
4  print('pow(2, 3) = {}'.format(math.pow(2, 3)))
5  print('pow(2, 5) = {}'.format(math.pow(2, 5)))
```

执行结果

```
pow(2, 3) = 8.0
pow(2, 5) = 32.0
```

程序实例 ch2_5.py：使用 sqrt( ) 求平方根。

```
1  # ch2_5.py
2  import math
3
4  print('sqrt(4) = {}'.format(math.sqrt(4)))
5  print('sqrt(8) = {}'.format(math.sqrt(8)))
```

执行结果

```
sqrt(4) = 2.0
sqrt(8) = 2.8284271247461903
```

2-3　log( ) 函数

下列是常用的 log( ) 函数。

函数名称	说明
log2(x)	可以得到以 2 为底 x 的对数
log10(x)	可以得到以 10 为底 x 的对数
log(x)	可以得到以 e 为底 x 的对数
log(x[,$base$])	可以得到以 $base$ 为底 x 的对数

程序实例 ch2_6.py：log( ) 函数的应用。

```
1  # ch2_6.py
2  import math
3
4  print('log2(4)    = {}'.format(math.log2(4)))
5  print('log10(100)  = {}'.format(math.log10(100)))
6  print('log(e)     = {}'.format(math.log(math.e)))
7  print('log(2, 4)   = {}'.format(math.log(4, 2)))
8  print('log(10, 100) = {}'.format(math.log(100, 10)))
```

执行结果

```
log2(4)     = 2.0
log10(100)  = 2.0
log(e)      = 1.0
log(2, 4)   = 2.0
log(10, 100) = 2.0
```

注　本书第 16 章会有关于对数更完整的说明。

2-4 三角函数

下列是常用的三角函数。

函数名称	说明
sin(x)	得到 sin(x) 的值
cos(x)	得到 cos(x) 的值
tan(x)	得到 tan(x) 的值
radians(x)	将 x 的角度转成弧度
degrees(x)	将 x 的弧度度转成角度

除了 math 模块，numpy 模块也提供了与上述一样的模块，可以执行三角函数的运算。不过使用时，前面要加上模块名称，例如：

```
math.sin(x)           # 使用 math 模块
np.sin(x)             # 使用 numpy 模块同时用 np 替代名称
```

注 本书第 18 章会有三角函数更完整的说明。

程序实例 ch2_7.py：sin( ) 和 cos( ) 的应用，其中 xpt 数组元素的单位是弧度。

```
1  # ch2_7.py
2  import matplotlib.pyplot as plt
3  import numpy as np
4
5  xpt = np.linspace(0, 10, 500)     # 建立含500个元素的数组
6  ypt1 = np.sin(xpt)                # y数组的变化
7  ypt2 = np.cos(xpt)
8
9  plt.plot(xpt, ypt1, label='sin')  # 预设颜色
10 plt.plot(xpt, ypt2, label='cos')  # 预设颜色
11 plt.xlabel('rad')
12 plt.ylabel('value')
13 plt.title('Sin and Cos function')
14 plt.grid()
15 plt.legend(loc='best')
16
17 plt.show()
```

执行结果

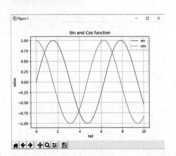

弧度是圆周长与圆半径的比，对于 30 度或 390 度转成弧度后输入三角函数，所获得的值是一样的。

```
>>> math.sin(math.radians(30))
0.49999999999999994
>>> math.sin(math.radians(390))
0.5
```

第一个输出是浮点数，可以视为 0.5。

2-5 　 sympy 模块

sympy 模块常用于解决线性代数问题，也可以用此模块绘制图表，本节将一一说明。在使用前请先安装此模块。

```
pip install sympy
```

2-5-1 　 定义符号

一般数学运算变量使用方式如下：

```
>>> x = 1
>>> x + x + 2
4
```

上述我们定义 $x = 1$，当执行 $x + x + 2$ 时，变量 x 会代入 1，所以可以得到 4。使用 sympy 可以设计含变量的表达式，不过在使用前必须用 Symbol 类别定义此变量符号，可以参考下列方式：

```
>>> from sympy import Symbol
>>> x = Symbol('x')
```

当定义好了以后，我们再执行一次 $x + x + 2$，可以看到不一样的输出。

```
>>> from sympy import Symbol
>>> x = Symbol('x')
>>> x + x + 2
2*x + 2
```

注　上述必须先导入 Symbol。

经过 Symbol 类别定义后，对于 Python 而言 x 仍是变量，但是此变量内容将不是变量，而是符号。也可以设定不同名称的变量等于 Symbol（'x'），如下所示：

```
>>> y = Symbol('x')
>>> y + y + 2
2*x + 2
```

不过上述方式会混淆，所以建议变量名称与 Symbol（'x'）参数名称相符。

注　2-5 节将讲述 sympy 模块内许多方法，可以直接导入所有方法学习，这样可以避免错误，如下所示：

```
from sympy import *
```

2-5-2 　 name 属性

使用 Symbol 类别定义一个变量名称后，未来可以使用 name 属性了解所定义的符号。

```
>>> x = Symbol('x')
>>> x.name                          或
'x'
```

```
>>> y = Symbol('x')
>>> y.name
'x'
```

2-5-3 定义多个符号变量

假设想定义 *a*、*b*、*c* 3 个符号变量，可以使用下列方式：

```
>>> a = Symbol('a')
>>> b = Symbol('b')
>>> c = Symbol('c')
```

或使用下列 symbols( ) 方法简化程序：

```
>>> from sympy import symbols
>>> a, b, c = symbols('a, b, c')
>>> a.name
'a'
>>> b.name
'b'
>>> c.name
'c'
```

2-5-4 符号的运算

当定义符号后就可以对其进行基本运算：

```
>>> x = Symbol('x')
>>> y = Symbol('y')
>>> z = 5 * x + 6 * y + x * y
>>> z
x*y + 5*x + 6*y
```

2-5-5 将数值代入公式

若是想将数值代入公式，可以使用 subs({x:n, …})，subs( ) 方法的参数是字典，可以参考下列实例：

```
>>> x = Symbol('x')
>>> y = Symbol('y')
>>> eq = 5 * x + 6 * y
>>> result = eq.subs({x:1, y:2})
>>> result
17
```

2-5-6 将字符串转为数学表达式

若是想建立通用的数学表达式，可以参考下列实例：

```
>>> from sympy import sympify
>>> x = Symbol('x')
>>> eq = input('请输入公式：')
请输入公式：x**3 + 2*x**2 + 3*x + 5
>>> eq = sympify(eq)
```

上述所输入的 x**3 + 2*x**2 + 3*x + 5 是字符串，sympify( ) 方法会将此字符串转为数学表达式，公式 eq 经过上述转换后，我们可以针对

此公式进行操作。

```
>>> 2 * eq
2*x**3 + 4*x**2 + 6*x + 10
```

由于 eq 已经是数学表达式，所以我们可以使用 subs( ) 方法代入此公式做运算。

```
>>> eq
x**3 + 2*x**2 + 3*x + 5
>>> result = eq.subs({x:1})
>>> result
11
```

2-5-7　解一元一次方程式

sympy 模块也可以解下列一元一次方程式：

$$y = ax + b$$

例如：求解下列公式：

$$3x + 5 = 8$$

上述问题可以使用 solve( ) 方法求解，在使用 sympy 模块时，请先将上述公式转为下列表达式：

$$eq = 3x + 5 - 8$$

可以参考下列实例与结果：

```
>>> from sympy import solve, Symbol
>>> x = Symbol('x')
>>> eq = 3*x + 5 - 8
>>> solve(eq)
[1]
```

上述解一元一次方程式时，所获得的结果是以列表 (list) 方式回传，下列是延续上述实例的结果。

```
>>> ans = solve(eq)
>>> print(type(ans))
<class 'list'>
>>> ans
[1]
>>> ans[0]
1
```

2-5-8　解一元二次方程式

sympy 模块也可以解下列一元二次方程式：

$$y = ax^2 + bx + c$$

例如：求解下列公式：

$$x^2 + 5x = 0$$

上述问题可以使用 solve( ) 方法求解，在使用 sympy 模块时，请先将上述公式转为下列表达式：

$$eq = x^2 + 5x$$

可以参考下列实例与结果：

```
>>> from sympy import solve, Symbol
>>> x = Symbol('x')
>>> eq = x**2 + 5*x
>>> solve(eq)
[-5, 0]
```

解上述一元二次方程式时，所获得的结果是以列表 (list) 形式回传，下列是延续上述实例的结果。

```
>>> ans = solve(eq)
>>> print(type(ans))
<class 'list'>
>>> ans
[-5, 0]
>>> ans[0]
-5
>>> ans[1]
0
```

其实解一元更高次方程式时，也可以依上述概念类推。

2-5-9　解含未知数的方程式

sympy 模块也可以解下列含未知数的一元二次方程式：

$$ax^2 + bx + c = 0$$

上述问题可以使用 solve( ) 方法求解，在使用 sympy 模块时，请先定义 x、a、b、c 变量，将上述公式转为下列表达式：

27

$$eq = ax^2 + bx + c$$

可以参考下列实例与结果：

```
>>> from sympy import solve, symbols
>>> x, a, b, c = symbols('x, a, b, c')
>>> eq = a*x*x + b*x + c
>>> solve(eq, x)
[(-b + sqrt(-4*a*c + b**2))/(2*a), -(b + sqrt(-4*a*c + b**2))/(2*a)]
```

上述 solve( ) 须有第 2 个参数 x，这是告诉 solve( ) 应该解哪一个符号。

2-5-10 解联立方程式

有一个联立方程式如下：

$$3x + 2y = 6$$

$$9x + y = 3$$

可以使用下列方式求解。

```
>>> from sympy import solve, symbols
>>> eq1 = 3*x + 2*y - 6
>>> eq2 = 9*x + y - 3
>>> solve((eq1, eq2))
{x: 0, y: 3}
```

上述所得到的解是使用字典格式，下列是更进一步验证上述数据格式的结果。

```
>>> ans = solve((eq1, eq2))
>>> print(type(ans))
<class 'dict'>
>>> print(ans)
{x: 0, y: 3}
>>> print(ans[x])
0
>>> print(ans[y])
3
```

下列是使用 subs( ) 方法将解代入方程式验证的结果。

```
>>> eq1.subs({x:ans[x], y:ans[y]})
0
>>> eq2.subs({x:ans[x], y:ans[y]})
0
```

有时候在解联立方程式时，所获得的解是以分数表达方式呈现，请参考下列联立方程式：

$$3x + 2y = 10$$

$$9x + y = 3$$

下列是求解的结果。

```
>>> from sympy import solve, symbols
>>> x, y = symbols('x, y')
>>> eq1 = 3*x + 2*y - 10
>>> eq2 = 9*x + y -3
>>> solve((eq1, eq2))
{x: -4/15, y: 27/5}
```

在有些场合，上述分数表达方式 $-4/15$ 或 $27/5$ 无法使用，例如：使用 matplotlib 绘制坐标图时，无法使用上述分数格式，这时可以使用 float( ) 强制将分数转成实数表达式。

```
>>> ans = solve((eq1, eq2))
>>> ans[x]
-4/15
>>> float(ans[x])
-0.26666666666666666
>>> ans[y]
27/5
>>> float(ans[y])
5.4
```

2-5-11 绘制坐标图的基础

使用 sympy 的数学模块需要导入 sympy.plotting 的 plot 模块，如下所示：

```
from sympy.plotting import plot
```

未来就可以绘图了，可以参考下列绘制 $y = 2x - 5$ 实例。

```
>>> from sympy import Symbol
>>> from sympy.plotting import plot
>>> x = Symbol('x')
>>> plot(2*x-5)
```

其实上述绘图与 matplotlib 模块类似，这是因为 sympy 背后是使用 matplotlib 模块绘图，不过使用 sympy 绘图可以省略 show( ) 函数显示坐标图。

下列是所绘制的图形。

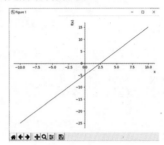

2-5-12　设定绘图的 x 轴区间

使用 sympy 绘图，模块会自动默认绘图区间，此例 x 轴是在 $-10 \sim 10$，不过可以通过在 plot( ) 内增加参数的方式更改此绘图区间，下列是设定 x 轴是在 $-5 \sim 5$。

```
>>> from sympy import Symbol
>>> from sympy.plotting import plot
>>> x = Symbol('x')
>>> plot((2*x-5), (x, -5, 5))
```

下列是所绘制的图形。

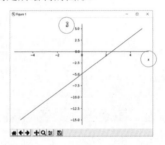

2-5-13　增加绘图标题与轴标题

从上一小节的执行结果可以看到，默认图表没有标题，x 轴预设标题是 x，y 轴预设标题是 $f(x)$。在 plot( ) 内可以使用 title 建立图表标题，使用 xlabel 建立 x 坐标标题，使用 ylable 建立 y 坐标标题。可以为图表建立下列标题：

title: Sympy

x 轴: x

y 轴: 2x-5

下列是所绘制的图形。

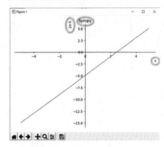

```
>>> from sympy import Symbol
>>> from sympy.plotting import plot
>>> x = Symbol('x')
>>> plot((2*x-5), (x, -5, 5), title='Sympy', xlabel='x', ylabel='2x-5')
```

2-5-14 多函数图形

坐标图可以有多个函数，可以参考下列实例。

```
>>> from sympy import Symbol
>>> from sympy.plotting import plot
>>> x = Symbol('x')
>>> plot(2*x-5, 3*x + 2)
```

下列是所绘制的图形。

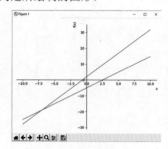

2-5-15 plot( ) 的 show 参数

在 plot( ) 方法内可以建立 show 参数，默认是显示图形，如果设定 show=False，可以不显示图形。

```
>>> from sympy import Symbol
>>> from sympy.plotting import plot
>>> x = Symbol('x')
>>> plot(2*x-5, 3*x + 2, show=False)
```

上述程序没有显示图形。

2-5-16 使用不同颜色绘图

使用 sympy 建立图形，默认是使用蓝色，也可以使用其他色彩，下列第 2 个方程式是使用红色。

```
>>> from sympy import Symbol
>>> from sympy.plotting import plot
>>> x = Symbol('x')
>>> line = plot(2*x-5, 3*x + 2, show=False)
>>> line[1].line_color = 'r'
>>> line.show()
```

下列是所绘制的图形。

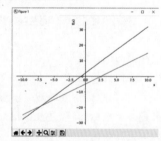

2-5-17 图表增加图例

在 plot( ) 内增加 legend=True，可以在图表内增加图例。

```
>>> from sympy import Symbol
>>> from sympy.plotting import plot
>>> x = Symbol('x')
>>> line = plot(2*x-5, 3*x + 2, legend=True, show=False)
>>> line[1].line_color = 'r'
>>> line.show()
```

下列是所绘制的图形。

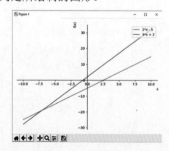

第 3 章

机器学习基本概念

人工智能 (Artificial Intelligence，AI) 是指通过计算机程序来呈现人类智慧的技术，然后将此技术应用在各种不同的领域。不过人工智能的范围太广了，因此本书将集中介绍机器学习 (Machine Learning) 需要的基础数学、概率、线性代数、基础统计知识。

3-1 人工智能、机器学习、深度学习

其实在人工智能时代，最先出现的概念是人工智能，然后是机器学习，机器学习成为人工智能的重要领域后，在机器学习的概念中又出现了一个重要分支：深度学习 (Deep Learning)，其实深度学习也驱动了机器学习与人工智能研究的发展，成为当今信息科学界最热门的学科。

下图是这 3 个名词彼此的关系。

3-2 认识机器学习

机器学习的原始理论主要是设计和分析一些可以让计算机自动学习的算法，进而可以预测未来趋势或是寻找数据间的规律，然后获得我们想要的结果。若是用算法看待，可以将机器学习视为是满足下列条件的系统。

（1）机器学习是一个函数，函数模型是由真实数据训练产生。

（2）机器学习函数模型产生后，可以接收输入数据，映射结果数据。

3-3 机器学习的种类

机器学习的种类有下列 3 种。

（1）监督学习 (supervised learning)。

（2）无监督学习 (unsupervised learning)。

（3）强化学习 (reinforcement learning)。

3-3-1 监督学习

对于监督学习而言会有一批训练数据 (training data)，这些训练数据有输入数据（也可想成数据的特征），以及相对应的输出数据（也可想成目标），然后使用这些训练数据可以建立机器学习的模型。

接下来将测试数据 (testing data) 输入机器学习的模型，可以产生结果数据。

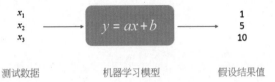

| 测试数据 | 机器学习模型 | 假设结果值 |

3-3-2　无监督学习

无监督学习是指训练数据没有答案，由这些训练数据的特性系统可以自行摸索建立机器学习的模型。例如：根据数据特性所做的集群 (clustering) 分析，就是一个典型的无监督学习的方法。

假设有一系列数据如下方左图所示，经过集群（clustering）分析，可以得到下方右图的结果：

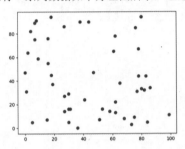 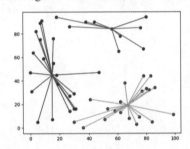

3-3-3　强化学习

这类方法没有训练数据与标准答案帮助探测未知的领域，机器必须在给予的环境中自我学习，然后评估每个行动所获得的回馈是正面或负面，进而调整下一次的行动，类似这种让机器逐步调整探索最后得到正确解答的方式称强化学习。例如：打败人类的 AlphaGo 就是典型的强化学习的实例。

3-3-4　本书的目标

监督学习是目前应用最广泛、最容易理解的机器学习方法，与监督学习相关的数学方法也是本书讲解的主要内容。

3-4　机器学习的应用范围

目前机器学习已经广泛应用在我们的生活中，例如：

- ❏ 计算机视觉。
- ❏ 语音识别。
- ❏ 手写识别。
- ❏ 自然语言处理。
- ❏ 生物特征辨识。
- ❏ 医学诊断。
- ❏ 证券分析。
- ❏ DNA 序列检测。
- ❏ 机器人。
- ❏ 无人驾驶。

第 4 章

机器学习的基础数学

4-1　用数字描绘事物

有一系列数据如下：

姓名	年龄	...	身高	体重
A	52	...	175	65
B	53	...	169	62
C	46	...	177	68

当获得一组数据时，我们必须练习简化数据，同时找出有意义的数据，例如：从上述数据中可以列出人数、平均身高、平均体重、年龄超过 50 岁的人数，然后针对这些数据做更进一步处理。

想学好机器学习，第一步就是将日常生活的现象，抽象化为数字。下一步是使用数学或统计概念活用该数字。例如：

（1）在某个活动促销时，计算应该准备多少库存。

（2）有一个营业条件，计算需要多少业绩此商家才可以获利。

（3）找出可以增加产品销售的广告方法。

4-2　变量概念

假设买 5 公斤玉荷包需要 450 元，那么买 7 公斤玉荷包需要多少钱？碰上这类的问题，可以使用下列概念解析：

```
5 * x = 450
x = 450 / 5
x = 90
```

我们使用变量 x 代表一公斤玉荷包的价格，这就是将一个日常生活抽象化为数字，同时应用了数字的概念。上述我们得到一公斤玉荷包是 90 元，所以：

```
7 * 90 = 630
```

7 公斤玉荷包总价是 630 元，我们可以轻松计算 7 公斤玉荷包的价格。

4-3　从变量到函数

现在我们忘记上述问题与变量的意义，重新思考。假设已知玉荷包一公斤价格是 90 元，如果想计算不同重量的价格呢，应如何思考问题呢？假设变量 x 是代表重量，这时我们可以使用下列函数代表此问题：

```
总价 = 重量 * 一公斤价格
```

数学公式如下：

$$y = 90x$$

程序设计表达方式如下：

$$y = 90 * x$$

或是使用函数概念代表此问题：

$$f(x) = 90 * x$$

程序实例ch4_1.py：简单的机器学习实践，假设玉荷包一公斤90元，请计算不同重量玉荷包的价格，请用图表表达。

```
1  # ch4_1.py
2  import matplotlib.pyplot as plt
3  unitprice = 90
4  x = [x for x in range(1, 11)]
5  y = [y * unitprice for y in x]
6  plt.plot(x, y, '-*')
7  plt.xlabel("x-weight")
8  plt.ylabel("y-money")
9  plt.show()
```

执行结果

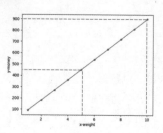

上述红色虚线是笔者自行绘制的，蓝色线条上的每个点对应的 x 轴值就是玉荷包的重量，对应的 y 轴值就是不同玉荷包重量的价格，由上述图表我们可以轻松获得不同重量的玉荷包价格。

4-4　等式运算的规则

假设 $x = y$，则符合数学规则：

（1）两边加上同样的数值 z，也会成立。

$$x + z = y + z$$

（2）两边减去同样的数值 z，也会成立。

$$x - z = y - z$$

（3）两边乘以同样的数值 z，也会成立。

$$x * z = y * z$$

（4）两边除以同样的数值 z(z 不可为 0)，也会成立。

$$x / z = y / z$$

（5）数值可以左右交换。

$$y = x$$

4-5　代数运算的基本规则

在执行代数运算时，常用到下列规则：

（1）交换律，加法或是乘法可以改变顺序。

$$x + y = y + x$$
$$x * y = y * x$$

（2）结合律，加法或是乘法可以在不同部位先运算。

$$(x + y) + z = x + (y + z)$$
$$(x * y) * z = x * (y * z)$$

（3）分配律，相加或是相减再乘以（或除以）一个数值时，可以先计算乘（或除），然后再相加或相减。

$$x * (y + z) = x * y + x * z$$
$$x / (y + z) = x / y + x / z$$

4-6　用数学抽象化开餐厅的生存条件

4-6-1　数学模型

假设想开一家餐厅，不知是否可以存活，建议先模拟整体情境，最后再判断是否适合开餐厅。开餐厅的基本支出包括：餐厅租金、杂项开销（水费、电费）、员工薪资。

收入部分可以预估每位客人的平均消费金额，然后对此消费金额预估平均毛利。

经过上述分析，可以使用下列方式计算开餐厅的利润。

利润 = 毛利

　　　- 员工薪资

　　　- 餐厅租金

　　　- 杂项开销（水费、电费）

更进一步可以将上述公式细分成下列公式：

利润 = 来客数 * 平均客单价 * 平均毛利率

　　　- 员工人数 * 平均薪资

　　　- 餐厅租金

　　　- 杂项开销（水费、电费）

4-6-2　经营数字预估

假设客户的平均消费是 375 元，餐厅的平均毛利是 80%，每个月水电费的开销是 15 000 元，餐厅租金是 60 000 元，员工人数是 3 人，平均薪资是 35 000 元，请计算每天平均应有多少客户，才可以损益两平。

所谓的损益两平是指利润是 0，有了上述数字，假设来客数是 x，可以扩充前一小节的数学模型如下：

$$0 = x * 375 * 0.8$$

　　　-3 * 35 000　　　　　　　　　# 薪资支出

　　　-60 000　　　　　　　　　　　# 餐厅租金

　　　-15 000　　　　　　　　　　　# 水电开销

4-6-3　经营绩效的计算

经过前一节的数字预估，可以得到下列公式：

$$0 = x * 300 - 105\,000 - 60\,000 - 15\,000$$

进一步推导可以得到下列公式：

$$0 = x * 300 - 180\,000$$

将两边公式加上 180 000，可以得到下列结果：

$$180\,000 = 300 * x$$

现在将两边公式除以 300，可以得到下列结果：

$600 = x$

通常会将变量放在等号左边，所以上述公式写法可以改为下列方式：

$x = 600$

经过计算，最后得到每个月的来客数需有 600 人，这间餐厅才可以损益两平。假设一个月是 30 天，则每天平均来客数需有 20 人，餐厅才可以损益两平。经过上述的数学运算，可以很精确地计算出经营餐厅需要考虑的问题，如果每天来客数无法达到 20 人，这时就需要考虑提高客单价或是增加毛利率，否则勉强去做，最后可能亏损收场。

4-7 基础数学的结论

4-6 节笔者举了开餐厅计算需要多少来客数方可损益两平的实例，整个实例主要是使用基础数学将抽象的概念转为数字，然后执行计算，在未来机器学习的实践中，我们也必须使用这种思路，将实际案例使用数学解说，逐步解析就可以获得我们想要的结果。

第 5 章

认识方程式、函数、坐标图形

5-1 认识方程式

在学习机器学习的过程中经常需要先将所观察的现象用方程式描述，例如：如果将 20 个苹果分给小孩，每个小孩 3 个，最后剩下 2 个，请问有多少个小孩？这时可以用下列方程式表示：

$20 = 3 * x + 2$ # x 是小孩的人数

两边减 2，可以得到下列结果：

$18 = 3 * x$

将变量放在左边，可以得到下列结果：

$3 * x = 18$

两边除以 3，可以得到下列结果：

$x = 6$

5-2 方程式文字描述方法

在写方程式时，文字与程序的表达方式有一些潜规则：

（1）数字在前面。

$x * 5$

文字习惯省略乘法符号 (*)，用 $5x$ 表示。
程序习惯用 $5 * x$ 表示。

（2）指数表示。

$x * x * x$

文字习惯用 x^3 表示。
程序习惯用 $x * x * x$、$x**3$ 或是 math.pow

$(x，3)$ 表示。

（3）变量依字母排列。

$z * y * x$

文字习惯用 xyz 表示。
程序习惯用 $x * y * z$ 表示。

（4）省略 1。

$1 * x$

文字与程序都习惯用 x 表示。

5-3 一元一次方程式

所谓的一元一次方程式是指一个方程式中只有一个变量，同时变量的指数是 1，下列是实例：

$ax + b = 0$ # a 或 b 是常数

或是实际数字公式如下：

$3x - 18 = 0$

在坐标系中，一元一次方程式的图形是一条直线，我们也可将上述公式中的 3 当作是方程式的 a，将 −18 当作是方程式的 b。

5-4 函数

现在如果将前一小节的公式进行更进一步处理：

$3x - 18 = 0$

上述 0 用 y 代替：

$3x - 18 = y$

将 y 放在左边，可以得到下列结果：

$y = 3x - 18$

或是使用下列方式表达：

$y = f(x) = 3x - 18$

上述相当于将不同的 x 值代入，可以看到不同的函数 $f(x)$ 值，在坐标系中，这个也称作 y 值。

其实这就是函数，我们先前有说一元一次方程式的图形是一条直线，将 1 ～ 10 代入 x，就可以验证结果。

程序实例 ch5_1.py：绘制一元一次方程式的图形。

```
1  # ch5_1.py
2  import matplotlib.pyplot as plt
3  x = [x for x in range(0, 11)]
4  y = [(3 * y -18) for y in x]
5  plt.plot(x, y, '-*')
6  plt.xlabel("children")
7  plt.ylabel("Apple")
8  plt.grid()              # 加网格线
9  plt.show()
```

执行结果

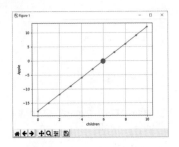

上述红色点是笔者事后画上去的，若是以数学概念来说，相当于是下列一元一次方程式的解：

$3x - 18 = 0$

相当于有 6 个小孩时，18 个苹果刚好平均分配，否则就会有苹果太多或不足的情况。上述 x 轴刻度只显示偶数，这是系统默认，有时候在绘制图形时，我们希望标出 0 ～ 10 每个单一数字，可以使用 xticks( ) 方法。同时我们也可以使用 axis( ) 方法，标记图表 x 轴和 y 轴的刻度范围。

程序实例 ch5_2.py：标记刻度范围，同时也标记每个单一数字，方便追踪小孩数量与苹果数量的关系。

```
1  # ch5_2.py
2  import matplotlib.pyplot as plt
3  x = [x for x in range(0, 11)]
4  y = [(3 * y -18) for y in x]
5  plt.xticks(x)                    # 标记每个单一x数字
6  plt.axis([0, 10, -20, 15])       # 标记刻度范围
7  plt.plot(x, y, '-*')
8  plt.xlabel("children")
9  plt.ylabel("Apple")
10 plt.grid()                       # 加网格线
11 plt.show()
```

执行结果

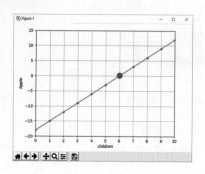

5-5 坐标图形分析

5-5-1 坐标图形与线性关系

在 4-6 节笔者有解说经营餐厅的实例，所获得的基本数学公式如下：

$$0 = x * 300 - 18\ 000$$

可以用下列函数代表此一元一次方程式：

$$y = f(x) = 300x - 180\ 000$$

x 代表每月来客数，180 000 代表餐厅的费用开销，假设我们将费用开销使用万元做单位，函数可以更改如下：

$$y = f(x) = 0.03x - 18$$

程序实例 ch5_3.py：绘制经营餐厅的绩效图形，此例来客数范围是 0 ~ 1000。

```
1  # ch5_3.py
2  import matplotlib.pyplot as plt
3  import numpy as np
4
5  x = np.linspace(0, 1000, 100)
6  y = 0.03 * x - 18
7  plt.axis([0, 1000, -20, 15])     # 标记刻度范围
8  plt.plot(x, y)
9  plt.xlabel("Customers")
10 plt.ylabel("Profit")
11 plt.grid()                       # 加网格线
12 plt.show()
```

执行结果

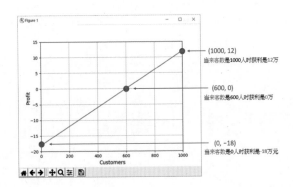

有了经营餐厅的数学公式，从上述实例可以很清楚地看到不同来客数对获利的影响，基本结论是来客数越多获利越好。此外，从上述图形可以看到直线上的每一个点 (x, y) 所代表的是该点的来客数（x 值）与餐厅的获利（y 值），来客数对获利的影响与这条直线有关，这在机器学习中称线性关系。

5-5-2　斜率与截距的意义

在一元一次的线性图形中，所绘制的直线最重要的组成如下：

斜率 (slope)：一条直线的倾斜程度，斜率的特色是，不论从直线的哪 2 个点计算，斜率皆是相同的。

截距 (intercept)：又可细分为 x 截距和 y 截距，一条直线与 x 轴相交点的 x 坐标称 x 截距，一条直线与 y 轴相交点的 y 坐标称 y 截距。

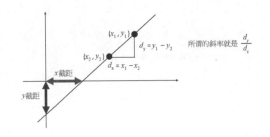

5-5-3　细看斜率

通常线条更倾斜，可以产生较大的斜率；线条平缓，产生的斜率较小。

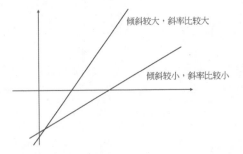

斜率可以有正斜率与负斜率，由左下往右上的斜率称正斜率，由左上往右下的斜率称负斜率。

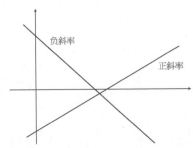

43

5-5-4　细看 y 截距

所谓的 y 截距是指一个函数当 $x = 0$ 时，此函数线条与 y 轴相交点的 y 值，可以参考下图：

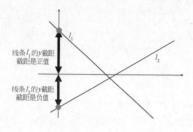

使用数学公式表达如下：

$$y = f(x) = ax + b$$

则 y 截距就是：

$$y = f(0) = 0x + b = b$$

其实可以说对于直线方程式 $ax + b$ 而言，y 截距就是函数公式的常数项目 b，也可以说 $ax + b$ 的直线与 y 轴的相交点是 $(0，b)$。

5-5-5　细看 x 截距

所谓的 x 截距是指一个函数当 $y=0$ 时，此函数线条与 x 轴相交点的 x 值，可以参考下图：

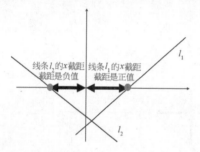

对于下列线性方程式：

$$y = f(x) = ax + b$$

x 截距相当于是让 $y = f(x) = 0$，所以此 x 截距又称根，对于线性方程式而言，可以用下列过程推导此值。

$$y = ax + b$$

y 是 0，所以可以得到：

$$0 = ax + b$$

可以推导如下：

$$ax = -b$$

两边除以 a，可以得到：

$$x = -b / a$$

x 截距与 y 截距不同，对于函数 $y = f(x)$，可能有多个 x 截距，例如：对于一元二次方程式而言，可能产生 2 个与 x 轴相交的点，这时就会产生 2 个 x 截距。

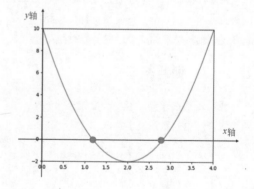

注　未来笔者会介绍一元二次方程式。

5-6 将线性函数应用在机器学习

5-6-1 再看直线函数与斜率

对于下列线性方程式:

$$y = f(x) = ax + b$$

其实 a 的值就是此直线的斜率,下列将用简单的程序实例解说。

程序实例 ch5_4.py:绘制下列函数图形,同时验证 a (此例是 2)是此函数直线的斜率。

$$y = f(x) = 2x$$

```
1  # ch5_4.py
2  import matplotlib.pyplot as plt
3
4  x = [x for x in range(0, 11)]
5  y = [2 * y for y in x]
6  plt.xticks(x)
7  plt.axis([0, 10, 0, 20])        # 标记刻度范围
8  plt.plot(x, y)
9  plt.grid()                      # 加网格线
10 plt.show()
```

执行结果

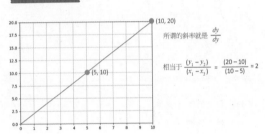

5-6-2 机器学习与线性回归

在机器学习过程中会搜集许多数据,我们可以使用 $f(x) = ax + b$ 当作是线性回归分析函数,适度地调整函数的 a 值和 b 值,然后找出与数据点最近的一条直线,或称最近的函数。

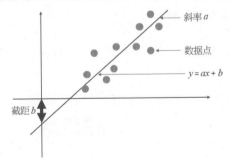

5-6-3 相同斜率平行移动

所谓的平行线是指斜率相同的线条,在机器学习过程中,如果想要建立斜率不变平行移动的线性函数,只要调整 $f(x) = ax + b$ 的截距值 b 即可,可以参考下列实例。

程序实例 ch5_5.py：使用更改 y 截距值 b，产生平行移动的线性函数，请留意第 6 行 (斜率相同 y 截距是 −2) 和第 7 行 (斜率相同 y 截距是 2)。

```
1  # ch5_5.py
2  import matplotlib.pyplot as plt
3
4  x = [x for x in range(0, 11)]
5  y1 = [2 * y for y in x]
6  y2 = [(2 * y - 2) for y in x]
7  y3 = [(2 * y + 2) for y in x]
8  plt.xticks(x)
9  plt.plot(x, y1, label='L1')
10 plt.plot(x, y2, label='L2')
11 plt.plot(x, y3, label='L3')
12 plt.legend(loc='best')
13 plt.grid()              # 加网格线
14 plt.show()
```

执行结果

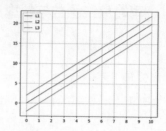

5-6-4　不同斜率与相同截距

在机器学习过程中，如果想要建立不同斜率、相同截距的线性函数，调整 $f(x) = ax + b$ 的斜率值 a 即可，可以参考下列实例。

程序实例 ch5_6.py：更改斜率值 a，调整线性函数的线条。

```
1  # ch5_6.py
2  import matplotlib.pyplot as plt
3
4  x = [x for x in range(0, 11)]
5  y1 = [2 * y for y in x]
6  y2 = [3 * y for y in x]
7  y3 = [4 * y for y in x]
8  plt.xticks(x)
9  plt.plot(x, y1, label='L1')
10 plt.plot(x, y2, label='L2')
11 plt.plot(x, y3, label='L3')
12 plt.legend(loc='best')
13 plt.grid()
14 plt.show()
```

执行结果

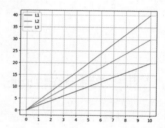

5-6-5　不同斜率与不同截距

在机器学习过程中，如果想要建立不同斜率与截距的线性函数，可以同时调整 $f(x) = ax + b$ 的斜率值 a 和截距值 b 即可，可以参考下列实例。

程序实例 ch5_7.py：更改斜率值 a 和截距值 b，调整线性函数的线条。

```
1  # ch5_7.py
2  import matplotlib.pyplot as plt
3
4  x = [x for x in range(0, 11)]
5  y1 = [2 * y for y in x]
6  y2 = [3 * y + 2 for y in x]
7  y3 = [4 * y - 3 for y in x]
8  plt.xticks(x)
9  plt.plot(x, y1, label='L1')
10 plt.plot(x, y2, label='L2')
11 plt.plot(x, y3, label='L3')
12 plt.legend(loc='best')
13 plt.grid()
14 plt.show()
```

执行结果

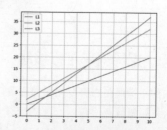

第 6 章

从联立方程式看机器
学习的数学模型

在机器学习的过程中，我们会先获得数据，如何将所获得的数据转为数学模型，这是很重要的过程，这一章笔者以实例说明将数据转为联立方程式的数学模型，然后使用数学方法和 Python 程序实例解说，同时使用 Matplotlob 绘制图形，读者可以更清楚相关知识。

6-1 数学概念建立连接两点的直线

在前一章中我们知道直线是由斜率和截距决定的，有时候会碰上已知数据是坐标上的 2 个点，我们可以将这 2 个点连成一条直线，下列是直线的函数：

$$y = ax + b$$

对我们而言已知是坐标的 2 个点，这时相当于是已知 x 和 y，然后我们必须由已知的 x 和 y，最后求斜率 (a) 和截距 (b)。6-1 节和 6-2 节将讲解这方面的应用，然后由这个知识点，我们可以更进一步推算未来业绩。

6-1-1 基础概念

坐标上有 2 个点，我们可以将这 2 个点连成一条直线，如下所示。

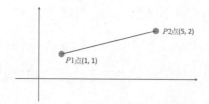

对于点 $P1$ (1，1) 可以得到 $y = f(x) = ax + b$ -- > $1 = a + b$ # 公式 1
对于点 $P2$ (5，2) 可以得到 $y = f(x) = ax + b$ -- > $2 = 5a + b$ # 公式 2

对公式 1 而言，已知 $y = 1$，$x = 1$；对于公式 2 而言，已知 $y = 2$，$x = 5$。接下来笔者将会讲解求斜率 (a) 和截距 (b)，以及最后做数据预估。

6-1-2 联立方程式

我们可以将上述点 $P1$ 和 $P2$ 的函数，写成下列公式：

$a + b = 1$ ---- 公式 1
$5a + b = 2$ ---- 公式 2

上述就是联立方程式。

6-1-3 使用加减法解联立方程式

加减法的概念是将等号两边的公式相加减，这时等号依旧成立。相加减的重点是将一个变量 a

或 b 减去，这时就可以轻易计算出另一个变量值。假设现在想先计算变量 a 的值，所以必须使用加减法将 b 减去。

下列是将公式 1 减去公式 2，可以得到下列结果。

$$a + b = 1$$
$$-\ 5a + b = 2$$
$$\overline{\qquad\qquad\qquad}\qquad \text{公式 1 - 公式 2}$$
$$-4a = -1$$
$$a = 0.25 \qquad \text{可以得到 } a \text{ 的值}$$

然后将 a 的值 0.25 代入 $a + b = 1$，如下所示：

$$0.25 + b = 1$$

所以可以得到：

$$b = 0.75$$

现在我们可以得到 6-1-1 节连接点 $P1$ 和点 $P2$ 的直线是：

$$y = f(x) = 0.25x + 0.75$$

6-1-4　使用代入法解联立方程式

所谓的代入法，是先由一个公式计算一个变量的值，然后将此变量值代入另一个公式内，例如：公式 1 如下所示：

$$a + b = 1$$

可以获得下列变量 b 的值。

$$b = 1 - a$$

然后将上述公式代入公式 2，目前公式 2 如下：

$$5a + b = 2$$

代入结果如下：

$$5a + (1 - a) = 2$$

推导结果如下：

$$4a + 1 = 2$$

两边减 1，可以得到：

$$4a = 1$$

最后得到：

$$a = 0.25$$

有了 a 值，剩余步骤可以参考 6-1-3 节。

6-1-5 使用 sympy 解联立方程式

从 6-1-2 节可以得到下列联立方程式：

$a + b = 1$　　　---- 公式 1
$5a + b = 2$　　 ---- 公式 2

我们可以使用 2-5 节介绍的 sympy 模块内的 Symbol 类别和 solve( ) 方法解此联立方程式，请先定义变量符号。

```
a = Symbol('a')          # 定义变量 a
b = Symbol('b')          # 定义变量 b
```

然后定义公式，定义时需设定右边是 0，下列是实例：

```
eq1 = a + b - 1
eq2 = 5*a + b - 2
```

然后可以将 eq1 和 eq2 代入 solve( )，就可以回传字典格式的 a 和 b 的解。

程序实例 ch6_1.py：解下列联立方程式。

$a + b = 1$
$5a + b = 2$

```
1  # ch6_1.py
2  from sympy import Symbol, solve
3
4  a = Symbol('a')              # 定义公式中使用的变量
5  b = Symbol('b')              # 定义公式中使用的变量
6  eq1 = a + b - 1              # 方程式 1
7  eq2 = 5 * a + b - 2          # 方程式 2
8  ans = solve((eq1, eq2))
9  print(type(ans))
10 print(ans)
11 print('a = {}'.format(ans[a]))
12 print('b = {}'.format(ans[b]))
```

执行结果

```
========== RESTART: D:\Python Machine Learning Math\ch6\ch6_1.py ==========
<class 'dict'>
{a: 1/4, b: 3/4}
a = 1/4
b = 3/4
```

6-2 机器学习使用联立方程式预估数据

6-2-1 基本概念

在 5-5-1 节笔者讲解了餐厅经营绩效分析，我们获得了 2 个数据点：

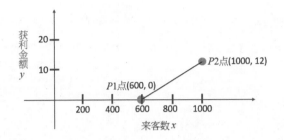

（1）当来客数是 600 时，可以损益两平，此时可以得到下列函数：

$y = f(600) = 0 = 600a + b$ ----- 公式 1

（2）当来客数是 1000 时，可以获利 12 万元，此时可以得到下列函数：

$y = f(1000) = 12 = 1000a + b$ ----- 公式 2

将公式 1 减去公式 2，可以得到下列结果：

$-12 = -400a$

进一步推导可以得到：

$a = 12 / 400 = 0.03$ # 这是斜率

将 $a = 0.03$ 代入公式 1，可以得到：

$b = -600 * 0.03 = -18$ # 这是截距

由上述数据我们得到了下列公式：

$y = f(x) = 0.03x - 18$

这也是 4-6 节和 5-5-1 节所获得的经营餐厅函数。

程序实例 ch6_2.py：解下列联立方程式。

$600a + b = 0$
$1000a + b = 12$

请在 Python Shell 输出上述 a 和 b 的值，当解出 a 与 b 的值后，用这 2 个值建立下列函数：

$y = ax + b$

请绘制 x 是 0 ～ 2500 的函数图形，并绘制 $f(600)$ 和 $f(1000)$ 的坐标点。

```
1  # ch6_2.py
2  import matplotlib.pyplot as plt
3  from sympy import Symbol, solve
4  import numpy as np
5
6  a = Symbol('a')                          # 定义公式中使用的变量
7  b = Symbol('b')                          # 定义公式中使用的变量
8  eq1 = a + b - 1                          # 方程式 1
9  eq2 = 5 * a + b - 2                       # 方程式 2
10 ans = solve((eq1, eq2))
11 print('a = {}'.format(ans[a]))
12 print('b = {}'.format(ans[b]))
13
14 pt_x1 = 600
15 pt_y1 = ans[a] * pt_x1 + ans[b]          # 计算x=600时的y值
16 pt_x2 = 1000
17 pt_y2 = ans[a] * pt_x2 + ans[b]          # 计算x=1000时的y值
18
19 x = np.linspace(0, 2500, 250)
20 y = ans[a] * x + ans[b]
21 plt.plot(x, y)                           # 绘函数直线
22 plt.plot(pt_x1, pt_y1, '-o')             # 绘点 pt1
23 plt.text(pt_x1+60, pt_y1-10, 'pt1')      # 输出文字pt1
24 plt.plot(pt_x2, pt_y2, '-o')             # 绘点 pt2
25 plt.text(pt_x2+60, pt_y2-10, 'pt2')      # 输出文字pt2
26 plt.xlabel("Customers")
27 plt.ylabel("Profit")
28 plt.grid()                               # 加网格线
29 plt.show()
```

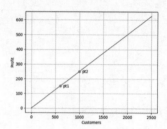

6-2-2　数据预估

其实有了经营餐厅的函数，可以预估 2 个方面的数据：

❑ 预估数据 1

假设经过网络宣传将来客数拉高到 1500 人，可以使用该公式计算获利金额，上述 1500 将是变量 x 的值：

$$y = f(1500) = 0.03 * 1500 - 18$$

经过推导可以得到：

$$y = f(1500) = 27$$

所以可以得到来客数是 1500 人时，获利是 27 万元。

程序实例 ch6_3.py：使用下列函数：

$$y = f(x) = 0.03x - 18$$

请绘制 x 是 0 ～ 2500 的函数图形，并标记来客数是 1500 人时的坐标点，相当于计算 $f(1500)$，同时在 Python Shell 窗口输出来客数是 1500 人时的获利金额。

```
1  # ch6_3.py
2  import matplotlib.pyplot as plt
3  import numpy as np
4  a = 0.03
5  b = -18
6  x = np.linspace(0, 2500, 250)
7  y = a * x + b
8  pt_x = 1500
9  pt_y = a * pt_x + b
10 print('f(1500) = {}'.format(pt_y))
11 plt.plot(x, y)                        # 绘函数直线
12 plt.plot(pt_x, pt_y, '-o')            # 绘点 f(1500)
13 plt.text(pt_x-150, pt_y+3, 'f(1500)') # 输出文字f(1500)
14 plt.xlabel("Customers")
15 plt.ylabel("Profit")
16 plt.grid()                            # 加网格线
17 plt.show()
```

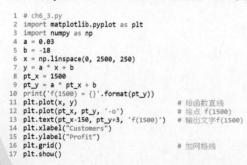

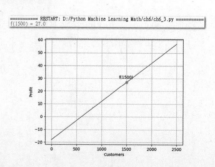

❑ 预估数据 2

假设想将获利拉高到 48 万元,可以使用该公式预估应该要有多少来客数。现在已知是 y 值,然后需要计算 x 值:

$y = f(x) = 48 = 0.03 * x - 18$

经过推导可以得到:

$x = (48 + 18) / 0.03$

上述公式可以得到:

$x = 66 / 0.03 = 2200$

所以可以得到获利是 48 万元时,来客数必须有 2200 人。

程序实例 ch6_4.py:计算获利拉高到 48 万元需有多少来客数,请使用 Python Shell 窗口输出,同时绘制此点。

```python
1  # ch6_4.py
2  import matplotlib.pyplot as plt
3  import numpy as np
4  a = 0.03
5  b = -18
6  x = np.linspace(0, 2500, 250)
7  y = a * x + b
8  pt_y = 48
9  pt_x = (pt_y + 18) / 0.03
10 print('获利48万元需有 {} 来客数'.format(int(pt_x)))
11 plt.plot(x, y)                                  # 绘函数直线
12 plt.plot(pt_x, pt_y, '-o')                      # 绘点
13 plt.text(pt_x-150, pt_y+3, '('+str(int(pt_x))+','+str(pt_y)+')')
14 plt.xlabel("Customers")
15 plt.ylabel("Profit")
16 plt.grid()                                      # 加网格线
17 plt.show()
```

执行结果

========= RESTART: D:\Python Machine Learning Math\ch6\ch6_4.py =========
获利48万元需有 2200 来客数

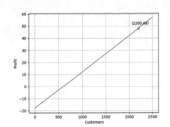

6-3　从 2 条直线的交叉点预估科学数据

在 5-6-3 节笔者有解说相同斜率的线条是并行线,两条线如果斜率不同,就一定有一个交叉点。这个交叉点就是满足 2 条直线的点,也就是我们追求的解答。

在实际的应用中,我们必须将所碰上的问题,尽可能从所遇上的问题,找出数学特征,然后使用符合特征条件的线性函数的概念求解。

6-3-1　鸡兔同笼

古代《孙子算经》有一句话:今有鸡兔同笼,上有三十五头,下有百足,问鸡兔各几何? 这是古代的数学问题,表示笼子里有 35 个头,100 只脚,然后问笼子里面有几只鸡与几只兔子。鸡有 1 个头、2 只脚,兔子有 1 个头、4 只脚,这一小节笔者将使用基础数学的联立方程式解此问题。

如果使用基础数学,x 代表 chicken,y 代表 rabbit,可以用下列公式推导。

chicken + rabbit = 35   相当于 ----> $x + y = 35$

2 * chicken + 4 * rabbit = 100   相当于 ----> $2x + 4y = 100$

上述公式可以处理成：

公式 1：$x + y = 35$

公式 2：$2x + 4y = 100$

我们可以将公式 1 的左边和右边乘以 2，得到下列结果：

$2x + 2y = 70$ # 假设是公式 3

将公式 2 减去上述公式 3，可以得到下列结果：

$2y = 30$

所以可以得到 y 等于 15，相当于兔子是 15 只，将此 y 代入公式 1，可以得到下列结果：

$x + 15 = 35$

公式两边减去 15，可以得到：

$x = 20$

所以最后鸡是 20 只，兔子是 15 只，可以回答此鸡兔同笼的问题。

程序实例 ch6_5.py：使用下列联立方程式，绘制鸡兔同笼的问题，同时计算鸡和兔子的数量。

公式 1：$x + y = 35$

公式 2：$2x + 4y = 100$

对公式 1 而言，函数可以用下列方式表达：   对公式 2 而言，函数可以用下列方式表达：

$y = f(x) = 35 - x$ $y = f(x) = 25 - 0.5x$

```python
1  # ch6_5.py
2  import matplotlib.pyplot as plt
3  from sympy import Symbol, solve
4  import numpy as np
5
6  x = Symbol('x')                      # 定义公式中使用的变量
7  y = Symbol('y')                      # 定义公式中使用的变量
8  eq1 = x + y - 35                     # 方程式 1
9  eq2 = 2 * x + 4 * y - 100            # 方程式 2
10 ans = solve((eq1, eq2))
11 print('鸡 = {}'.format(ans[x]))
12 print('兔 = {}'.format(ans[y]))
13
14 line1_x = np.linspace(0, 100, 100)
15 line1_y = [35 - y for y in line1_x]
16 line2_x = np.linspace(0, 100, 100)
17 line2_y = [25 - 0.5 * y for y in line2_x]
18
19 plt.plot(line1_x, line1_y)           # 绘函数直线公式 1
20 plt.plot(line2_x, line2_y)           # 绘函数直线公式 2
21
22 plt.plot(ans[x], ans[y], '-o')       # 绘交叉点
23 plt.text(ans[x]-5, ans[y]+5, '('+str(ans[x])+','+str(ans[y])+')')
24 plt.xlabel("Chicken")
25 plt.ylabel("Rabbit")
26 plt.grid()                           # 加网格线
27 plt.show()
```

执行结果

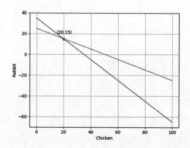

6-3-2　达成业绩目标

有一家公司有 2 位业务员，分别是资深业务员 (Senior Salesman) 和初级业务员 (Junior Salesman)，资深业务员外出一天拜访客户可以创造 4 万元业绩，菜鸟业务员外出一天可以创造 2 万元业绩，其中一天只有一位业务员可以外出，公司设定目标想在 100 天内完成 **35 万元**的业绩，在这个情况下应该要如何完成目标？

假设初级业务员工作天数是变量 x，资深业务员工作天数是变量 y，从上述条件分析，首先可以得到下列公式：

$x + y = 100$　　　　　　　　# 公式 1 – 初级业务员和资深业务员总工作天数

初级业务员一天可以创造 2 万元业绩，资深业务员一天可以创造 4 万元业绩，目标是创造 **350 万元业绩**，所以可以得到下列公式：

$2x + 4y = 350$　　　　　　　# 公式 2 – 初级业务员和资深业务员的业绩总和

未来若是想绘制此问题的直线可以使用上述公式 1 和公式 2。

接下来笔者要解上述公式 1 和公式 2 的联立方程式，可以将公式 1 两边乘以 2，可以得到下列公式 3 的结果：

$2x + 2y = 200$　　　　　　　# 公式 3

将公式 2 减去公式 3，可以得到下列结果：

$2y = 150$

进一步可以得到下列结果：

$y = 75$　　　　　　　　　　　# 相当于资深业务员要外出 75 天

由于 $x + y = 100$，所以可以得到下列结果：

$x = 25$　　　　　　　　　　　# 相当于初级业务员要外出 25 天

程序实例 ch6_6.py：请参考本节概念绘制下列联立方程式的线条：

$x + y = 100$
$2x + 4y = 350$

然后在 Python Shell 窗口列出初级业务员和资深业务员须外出天数，同时绘出上述联立方程式的图形，最后标记交叉点，这个交叉点分别是初级业务员和资深业务员需要工作的天数。

```
1  # ch6_6.py
2  import matplotlib.pyplot as plt
3  from sympy import Symbol, solve
4  import numpy as np
5
6  x = Symbol('x')                      # 定义公式中使用的变量
7  y = Symbol('y')                      # 定义公式中使用的变量
8  eq1 = x + y - 100                    # 方程式 1
```

```
 9  eq2 = 2 * x + 4 * y - 350            # 方程式 2
10  ans = solve((eq1, eq2))
11  print('菜鸟业务员须外出天数 = {}'.format(ans[x]))
12  print('资深业务员须外出天数 = {}'.format(ans[y]))
13
14  line1_x = np.linspace(0, 100, 100)
15  line1_y = [100 - y for y in line1_x]
16  line2_x = np.linspace(0, 100, 100)
17  line2_y = [(350 - 2 * y) / 4 for y in line2_x]
18
19  plt.plot(line1_x, line1_y)            # 绘函数直线公式 1
20  plt.plot(line2_x, line2_y)            # 绘函数直线公式 2
21
22  plt.plot(ans[x], ans[y], '-o')        # 绘交叉点
23  plt.text(ans[x]-5, ans[y]+5, '('+str(ans[x])+','+str(ans[y])+')')
24  plt.xlabel("Junior Salesman")
25  plt.ylabel("Senior Salesman")
26  plt.grid()                            # 加网格线
27  plt.show()
```

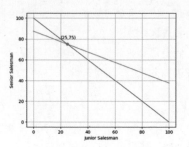

执行结果

6-4 两条直线垂直交叉

6-4-1 基础概念

坐标平面上有两条线，如下所示：

$$y_1 = a_1 x + b_1 \qquad \text{# Line 1}$$
$$y_2 = a_2 x + b_2 \qquad \text{# Line 2}$$

我们已经知道当两条线的斜率相同，也就是 $a_1 = a_2$，表示两条线是平行，其实如果 $a_1 * a_2 = -1$，表示两条线是垂直交叉。

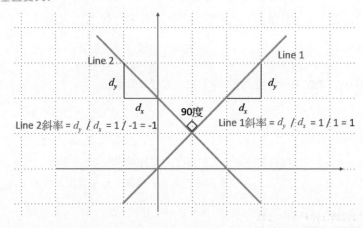

上述坐标图含有底色虚线框，假设每格单位是1，可以看到Line 1的斜率是 $a_1 = 1$，这条线经过 $(0, 0)$，所以可以得到 Line 1 的函数如下：

$$y_1 = x \qquad \text{# Line 1}$$

对 Line 2 而言，$d_y / d_x = -1$，可以看到 Line 2 的斜率是 $a_2 = -1$，这条线经过 (0，2)，所以可以得到 Line 2 的函数如下：

$$y_2 = a_2 x + 2$$

将 a_2 用 -1 代入：

$$y_2 = -x + 2 \qquad\qquad \text{\# Line 2}$$

上述我们用实际的图形验证了当 2 个图形的斜率相乘是 -1，则这两条直线是垂直交叉。

程序实例 ch6_7.py：绘制下列垂直相交的线条。

$$y_1 = x \qquad\qquad\qquad \text{\# Line 1}$$
$$y_2 = -x + 2 \qquad\qquad \text{\# Line 2}$$

然后在 Python Shell 窗口输出这两条线的交叉点，同时也在绘制这两条线时标记交叉点，同时列出交叉点的坐标。

```
1  # ch6_7.py
2  import matplotlib.pyplot as plt
3  from sympy import Symbol, solve
4  import numpy as np
5
6  x = Symbol('x')                         # 定义公式中使用的变量
7  y = Symbol('y')                         # 定义公式中使用的变量
8  eq1 = x - y                             # 方程式 1
9  eq2 = -x -y + 2                         # 方程式 2
10 ans = solve((eq1, eq2))
11 print('x = {}'.format(ans[x]))
12 print('y = {}'.format(ans[y]))
13
14
15 line1_x = np.linspace(-5, 5, 10)
16 line1_y = [y for y in line1_x]
17 line2_x = np.linspace(-5, 5, 10)
18 line2_y = [-y + 2 for y in line2_x]
19
20 plt.plot(line1_x, line1_y)              # 绘函数直线公式 1
21 plt.plot(line2_x, line2_y)              # 绘函数直线公式 2
22
23 plt.plot(ans[x], ans[y], '-o')          # 绘交叉点
24 plt.text(ans[x]-0.5, ans[y]+0.3, '('+str(ans[x])+','+str(ans[y])+')')
25 plt.xlabel("x-axis")
26 plt.ylabel("y-axis")
27 plt.grid()                              # 加网格线
28 plt.axis('equal')                       # 让x, y轴距长度一致
29 plt.show()
```

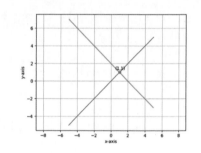

执行结果

```
============ RESTART: D:/Python Machine Learning Math/ch6/ch6_7.py ============
x = 1
y = 1
```

上述第 28 行内容如下：

```
plt.axis('equal')
```

因为 matplotlib 模块会自行调整图表的 x 轴和 y 轴的长宽比例，上述 equal 参数可以控制 x 轴和 y 轴的比例相同。

6-4-2　求解坐标某一点至一条线的垂直线

假设有一个直线函数 $y = 0.5x - 0.5$ 如下：

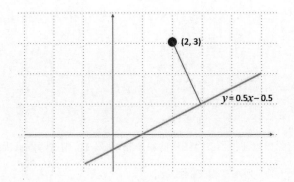

现在我们要计算通过点 (2，3) 同时和直线 $y = 0.5x - 0.5$ 垂直的线条，首先依据前一小节概念可以计算此线条的斜率：

$a * 0.5 = -1$ # 计算此线条的斜率

可以推导如下：

$a = -2$ # 新线条的斜率

因为新线条通过点 (2，3)，所以可以用下列公式计算新线条的截距：

$y = ax + b$

将 3 代入 y，将 2 代入 x，现在公式如下：

$3 = -2 * 2 + b$

进一步推导可以得到：

$b = 3 + 4 = 7$

最后可以得到此新线条的函数如下：

$y = -2x + 7$

程序实例 ch6_8.py：绘制下列垂直相交的线条。

$y = 0.5x - 0.5$ # Line 1
$y = -2x + 7$ # Line 2

然后在 Python Shell 窗口输出这两条线的交叉点，同时也在绘制这两条线时标记交叉点，列出交叉点的坐标。

```
 1  # ch6_8.py
 2  import matplotlib.pyplot as plt
 3  from sympy import Symbol, solve
 4  import numpy as np
 5
 6  x = Symbol('x')                         # 定义公式中使用的变量
 7  y = Symbol('y')                         # 定义公式中使用的变量
 8  eq1 = 0.5 * x - y - 0.5                  # 方程式 1
 9  eq2 = -2 * x - y + 7                     # 方程式 2
10  ans = solve((eq1, eq2))
11  print('x = {}'.format(ans[x]))
12  print('y = {}'.format(ans[y]))
13
14
15  line1_x = np.linspace(-5, 5, 10)
16  line1_y = [(0.5 * y - 0.5) for y in line1_x]
17  line2_x = np.linspace(-5, 5, 10)
18  line2_y = [(-2 * y + 7) for y in line2_x]
19
20  plt.plot(line1_x, line1_y)              # 绘函数直线公式 1
21  plt.plot(line2_x, line2_y)              # 绘函数直线公式 2
22
23  plt.plot(ans[x], ans[y], '-o')         # 绘交叉点
24  plt.text(ans[x]-0.7, ans[y]+0.5, '('+str(int(ans[x]))+','+str(int(ans[y]))+')')
25  plt.xlabel("x-axis")
26  plt.ylabel("y-axis")
27  plt.grid()                             # 加网格线
28  plt.axis('equal')                      # 让x, y轴距长度一致
29  plt.show()
```

执行结果

```
=========== RESTART: D:/Python Machine Learning Math/ch6/ch6_8.py ===========
x = 3.00000000000000
y = 1.00000000000000
```

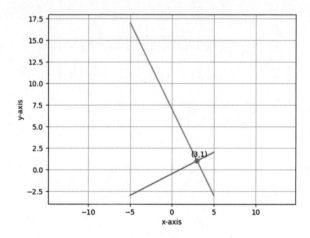

第 7 章

从勾股定理看机器学习

　　勾股定理的原理是：直角三角形两垂直边长（或称较短两边）的平方和，等于斜边长的平方，其实这个定理在机器学习中可以扩展出许多应用。

7-1　验证勾股定理

7-1-1　认识直角三角形

　　假设有一个直角三角形，两个短边的长分别是 a 和 b，斜边长是 c，如下所示：

　　如果建立 4 个相同的直角三角形，然后将头尾相连接，可以形成下列图形：

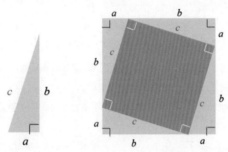

　　在勾股定理中，较短的两边长的平方和等于第三边的平方，所以我们可以得到下列结果：

$$c^2 = a^2 + b^2$$

7-1-2　验证勾股定理

　　上述蓝色的方块是一个正方形，边长是 c，所以可得到蓝色正方形的面积是：

$$c^2$$

　　从上图看也可以得到整个边长 $(a + b)$ 也组成了一个正方形，这个较大的正方形面积是：

$$(a + b)^2$$

　　上述 4 个直角三角形的面积和是：

$$4 * (a * b) / 2 = 2 * a * b = 2ab$$

　　从上图可以看到，如果将大正方形的面积减去 4 个直角三角形的面积和，等于蓝色正方形的面积，所以可以得到下列公式：

$$c^2 = (a + b)^2 - 2ab$$

　　展开 $(a + b)^2$，可以得到：

$$c^2 = a^2 + 2ab + b^2 - 2ab$$

所以最后可以得到下列结果：

$$c^2 = a^2 + b^2$$

7-2 将勾股定理应用在能力倾向测验

7-2-1 问题核心分析

有一家公司的人力资源部录取了一位新进员工，同时为新进员工做了英文和社会的能力倾向测验，这位新进员工的得分分别是英文 60 分、社会 55 分。

公司的编辑部门有人力需求，参考过去编辑部门员工的能力倾向测验，英文是 80 分，社会是 60 分。

营销部门也有人力需求，参考过去营销部门员工的能力倾向测验，英文是 40 分，社会是 80 分。

如果你是主管，应该将新进员工先转给哪一个部门？

这类问题可以使用坐标轴做分析，我们可以将 x 轴定义为英文，y 轴定义为社会，整个坐标说明如下：

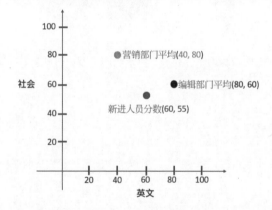

这时可以看新进人员的分数点比较靠近哪一个部门的平均分数点，然后将此新进人员安排至该部门。

7-2-2 数据运算

❑ 计算新进人员分数和编辑部门平均分数的距离

可以使用勾股定理执行新进人员分数与编辑部门平均分数的距离分析：

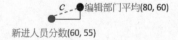

计算方式如下：

$c^2=(80-60)^2+(60-55)^2=\ 425$

开根号可以得到下列距离结果：

$c = 20.6155$

❑　计算新进人员分数和营销部门平均分数的距离

可以使用勾股定理执行新进人员分数与营销部门平均分数的距离分析：

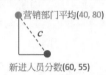

计算方式如下：

$c^2=(40-60)^2+(80-55)^2=1025$

开根号可以得到下列距离结果。

$c = 32.0156$

❑　结论

新进人员的能力倾向测验分数与编辑部门比较接近，所以新进人员比较适合进入编辑部门。

7-3　将勾股定理应用在三维空间

假设一家公司新进人员的能力倾向测验除了英文、社会外还有数学，这时可以使用三维空间的坐标表示：

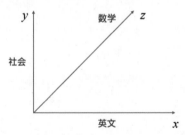

这个时候勾股定理仍可以应用，此时距离公式如下：

$$\sqrt{(dist\_x)^2 + (dist\_y)^2 + (dist\_z)^2}$$

在此例，可以用下列方式表达：

$$\sqrt{(英文差距)^2 + (社会差距)^2 + (数学差距)^2}$$

上述概念主要是说明在三维空间下，要计算 2 点的距离，可以计算 x 轴、y 轴、z 轴的差距的平方，先相加，最后开根号即可以获得两点的距离。

7-4 将勾股定理应用在更高维的空间

在机器学习中常见的集群（Cluster）、分类 (Classify)、支持向量机 (Support Vector Machine) 的应用，皆会使用更高维的勾股定理，也就是说我们可以将勾股定理扩充到 n 维空间，虽然当数据超过 3 维空间就已经超过我们想象的范围。可以将勾股定理扩充成下列公式：

$$\sqrt{d1^2 + d2^2 + \cdots dn^2}$$

7-5 电影分类

每年皆有许多电影上市，也有一些视频公司不断在自己的频道上推出新片。有些视频公司会追踪用户所看影片，从而推荐类似电影给用户。这一节笔者就是要应用勾股定理的概念，使用 Python 加上 KNN 算法，判断相似的影片。

7-5-1 规划特征值

首先我们可以将影片分成下列特征 (feature)，每个特征给予 0 ~ 10 的分数，如果影片某特征很强烈则给 10 分，如果几乎无此特征则给 0 分，下列是笔者自定义的特征表。未来读者熟悉后，可以自定义这部分特征表。

影片名称	爱情、亲情	跨国拍摄	出现刀、枪	飞车追逐	动画
xxx	0 ~ 10	0 ~ 10	0 ~ 10	0 ~ 10	0 ~ 10

下列是笔者针对影片《玩命关头》打分的特征表。

影片名称	爱情、亲情	跨国拍摄	出现刀、枪	飞车追逐	动画
玩命关头	5	7	8	10	2

上述针对影片特征打分，又称特征提取 (feature extraction)，此外，特征定义越精确，未来分类越精准。下列是笔者针对最近影片打分的特征表。

影片名称	爱情、亲情	跨国拍摄	出现刀、枪	飞车追逐	动画
复仇者联盟	2	8	8	5	6
决战中途岛	5	6	9	2	5
冰雪奇缘	8	2	0	0	10
双子杀手	5	8	8	8	3

7-5-2　将 KNN 算法应用在电影分类

有了影片特征表后，如果我们想要计算某部影片与《玩命关头》的相似度，可以使用勾股定理概念。在计算公式中，如果我们使用 2 部影片与《玩命关头》做比较，则称 2 近邻算法，上述我们使用 4 部影片与《玩命关头》做比较，则称 4 近邻算法。例如：下列是计算《复仇者联盟》与《玩命关头》的相似度公式：

$$dist = \sqrt{(5-2)^2 + (7-8)^2 + (8-8)^2 + (10-5)^2 + (2-6)^2}$$

上述 dist 是两部影片的相似度，dist 值越低代表两部影片相似度越高，所以我们可以经由计算获得其他 4 部影片与《玩命关头》的相似度。

7-5-3　项目程序实践

程序实例 ch7_1.py：列出 4 部影片与《玩命关头》的相似度，同时列出哪一部影片与《玩命关头》的相似度最高。

```python
1  # ch7_1.py
2  import math
3
4  film = [5, 7, 8, 10, 2]                    # 玩命关头特征值
5  film_titles = [                            # 比较影片片名
6      '复仇者联盟',
7      '决战中途岛',
8      '冰雪奇缘',
9      '双子杀手',
10 ]
11 film_features = [                          # 比较影片特征值
12     [2, 8, 8, 5, 6],
13     [5, 6, 9, 2, 5],
14     [8, 2, 0, 0, 10],
15     [5, 8, 8, 8, 3],
16 ]
17
18 dist = []                                  # 储存影片相似度值
19 for f in film_features:
20     distances = 0
21     for i in range(len(f)):
22         distances += (film[i] - f[i]) ** 2
23     dist.append(math.sqrt(distances))
24
25 min = min(dist)                            # 求最小值
26 min_index = dist.index(min)                # 最小值的索引
27
28 print("与玩命关头最相似的电影 : ", film_titles[min_index])
29 print("相似度值 : ", dist[min_index])
30 for i in range(len(dist)):
31     print("影片 : %s, 相似度 : %6.2f" % (film_titles[i], dist[i]))
```

执行结果

```
============== RESTART: D:\Python Machine Learning Math\ch7\ch7_1.py ==============
与玩命关头最相似的电影 :  双子杀手
相似度值 :  2.449489742783178
影片 :  复仇者联盟, 相似度 :    7.14
影片 :  决战中途岛, 相似度 :    8.66
影片 :  冰雪奇缘, 相似度 :   16.19
影片 :  双子杀手, 相似度 :    2.45
```

从上述可以得到《双子杀手》与《玩命关头》最相似，《冰雪奇缘》与《玩命关头》差距最远。

7-5-4　电影分类结论

以上结果中，其实还是电影特征值的项目与评分最为关键，只要有良好的筛选机制，我们就可以获得很好的结果。如果您从事影片推荐工作，可以由本程序筛选出类似影片推荐给读者。

第 8 章

联立不等式与机器学习

8-1　联立不等式的基本概念

在 6-3-2 节笔者假设资深业务员一天可以创造 4 万元业绩，初级业务员一天可以创造 2 万元业绩。在真实的职场里，不会要求刚好在 100 天完成，只要是在 100 天之内完成就算是符合要求，所以以下皆是符合要求的条件：

资深业务员外出 87 天创造 348 万元业绩，初级业务员外出 1 天创造 2 万元业绩，只要 88 天即可完成创造 350 万元的业绩需求。或是资深业务员外出 86 天创造 344 万元业绩，初级业务员外出 3 天创造 6 万元业绩，只要 88 天即可完成创造 350 万元的业绩需求等。这表示符合 100 天之内达成业绩目标的方法有许多。

注　初级业务员外出时间少，将造成培养时间拉长。

这时联立方程式的公式将改为不等式，如下所示：

```
x + y <= 100                        # 100 天之内达成目标皆是解答
2x + 4y = 350
```

上述 <= 符号是小于或等于。

线性的联立方程式通常是找出坐标上的线条交叉点，这个交叉点就是符合 2 条线性的规则。线性的联立不等式则是产生区域，只要是在此区域的点，皆是符合条件的结果。

8-2　联立不等式的线性规划

8-2-1　案例分析

一家软件公司推出商用软件与 App 软件销售，总经理规划时面临下列问题：

（1）研发商用软件的成本是 90 万元，后续包装接口设计成本是 50 万元。

（2）研发 App 软件的成本是 150 万元，后续包装接口设计成本是 20 万元。

（3）公司研发成本的上限是 1200 万元。

（4）公司包装接口（未来简称包装）设计成本的上限是 350 万元。

不论是商用软件还是 App 软件，推出后皆可以出售，获利皆是 50 万元，总经理面临的是应如何调配生产，可以创造最大的获利。

8-2-2　用联立不等式表达

假设商用软件生产数量是 x，App 软件生产数量是 y，x 和 y 必须是整数。现在我们可以获得下列不等式：

```
x >= 0                              # 商用软件生产数量
y >= 0                              # App 软件生产数量
```

下列 2 个不等式是本问题的重点：

$90x + 150y <= 1200$ # 研发费用的限制
$50x + 20y <= 350$ # 包装费用的限制

其实可以将上述公式简化如下：

$3x + 5y <= 40$ # 研发费用的限制
$5x + 2y <= 35$ # 包装费用的限制

为了方便用图表表达，可以将上述研发和包装费用限制的不等式改为左边是 y 的公式：

$y <= (40 - 3x) / 5$
$y <= (35 - 5x) / 2$

更进一步推导可以得到：

$y <= 8 - 0.6x$
$y <= 17.5 - 2.5x$

8-2-3　在坐标轴上绘制不等式的区域

根据前一小节的实例我们获得了下列不等式：

$x >= 0$ # 商用软件生产数量
$y >= 0$ # App 软件生产数量
$y <= 8 - 0.6x$ # 研发费用的限制
$y <= 17.5 - 2.5x$ # 包装费用的限制

下列是根据上述不等式所绘制的坐标图。

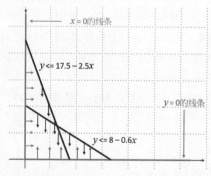

上述图表线条有箭头，箭头方向表示满足不等式的区域，对于不等式我们现在可以得到下列结论：

（1）$x >= 0$，水蓝色线条右边满足此不等式。

（2）$y >= 0$，绿色线条上方满足此不等式。

（3）$y <= 8 - 0.6x$，紫色线条下方满足此区域。

（4）$y <= 17.5 - 2.5x$，深红色线条下方满足此区域。

经过上述图表说明，我们可以得到下列黄色图表区域可以同时满足上述 4 个条件。

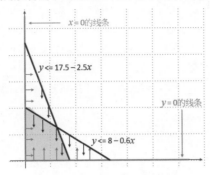

8-2-4　目标函数

目标函数是一条通过重叠区域的直线，就上述实例而言，是找出销售产品的最大利润，由于商用软件的获利金额是 50 万元，App 软件的获利金额也是 50 万元，假设获利是 z，则可以得到下列目标函数：

$z = 50x + 50y$ 　　　　　　　　　# 因为商用和 App 软件的生产数量分别是 x，y

对这一题而言，相当于要在上述黄色的重叠区域内，找出可以产生最大 z 值的 x，y。现在一样将上述公式改为 $y = ax + b$ 函数，可以得到下列结果：

$50y = -50x + z$

进一步推导可以得到：

$y = -x + 0.02z$

所以可以得到目标函数的斜率是 -1，截距是 $0.02z$，斜率不会更改，截距可以更改。假设要获利 600 万元 (z)，则可以得到下列函数：

$y = -x + 0.02 * 600$

经过计算，可以得到下列结果：

$y = -x + 12$

经过计算，上述目标函数经过 (12，0) 和 (0，12)，现在可以绘出下列目标函数。

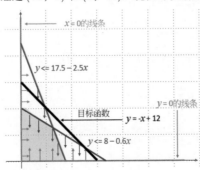

8-2-5　平行移动目标函数

现在有了目标函数，同时目标函数的斜率是固定，会变动的只有截距，如果让截距变大，目标函数的线条将往右移动，这时会远离黄色目标区域，所以可以知道必须让目标函数往左移，相当于是让截距变小，才可以往黄色目标区域移动。

所以现在让目标函数往左平行移动，当接触到黄色区域时，很可能就是目标函数的最大获利值，现在请参考坐标图。

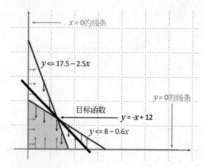

现在可以得到目标函数已经接触到满足 4 个不等式的黄色区域的右上角，这个右上角也是研发限制和包装限制函数的交叉点，下列是先将不等式转成等式，现在相当于要解下列联立方程式：

$y = 8 - 0.6x$　　　　　　　　　# 研发限制

$y = 17.5 - 2.5x$　　　　　　　　# 包装限制

上述经过代入法运算，可以得到下列结果：

$x = 5$

$y = 5$

所以可以得到 (5，5) 是交叉点。

8-2-6　将交叉点坐标代入目标函数

目标函数内容如下：

$z = 50x + 50y$

将 $x = 5$，$y = 5$ 代入目标函数，可以得到下列结果。

$z = 50 * 5 + 50 * 5 = 500$

所以在研发限制和包装限制下，可以得到的最大获利是 500 万元。

8-3　Python 计算

程序实例 ch8_1.py：请参考 8-2-5 节的内容计算 x 和 y 值：

$$y = 8 - 0.6x \qquad\qquad \text{\# 研发限制}$$

$$y = 17.5 - 2.5x \qquad\qquad \text{\# 包装限制}$$

然后参考 8-2-6 节的内容计算最大获利值：

$$z = 50x + 50y \qquad\qquad \text{\# 求目标函数的最大获利值}$$

```
1  # ch8_1.py
2  import matplotlib.pyplot as plt
3  from sympy import Symbol, solve
4  import numpy as np
5
6  x = Symbol('x')                          # 定义公式中使用的变量
7  y = Symbol('y')                          # 定义公式中使用的变量
8  eq1 = 8 - 0.6 * x - y                     # 方程式 1
9  eq2 = 17.5 - 2.5 * x - y                  # 方程式 2
10 ans = solve((eq1, eq2))
11 print('x = {}'.format(int(ans[x])))
12 print('y = {}'.format(int(ans[y])))
13
14 z = 50 * int(ans[x]) + 50 * int(ans[y])
15 print('最大获利 = {} 万元'.format(z))
```

执行结果

```
x = 5
y = 5
最大获利 = 500 万元
```

程序实例 ch8_2.py：参考下列内容，绘制等式线条。

$$x >= 0 \qquad\qquad \text{\# 商用软件生产数量}$$

$$y >= 0 \qquad\qquad \text{\# App 软件生产数量}$$

$$y <= 8 - 0.6x \qquad\qquad \text{\# 研发费用的限制}$$

$$y <= 17.5 - 2.5x \qquad\qquad \text{\# 包装费用的限制}$$

然后绘制下列通过点 (5，5) 的目标函数线条，同时标记点 (5，5)。

$$y = -x + 0.02z$$

因为最大获利是 500 万元，所以目标函数内容如下：

$$y = -x + 10$$

```
1  # ch8_2.py
2  import matplotlib.pyplot as plt
3  import numpy as np
4
5  plt.plot([0, 0], [20, 0])                     # 绘函数直线公式 1
6  plt.plot([0, 0], [0, 20])                     # 绘函数直线公式 2
7
8  line3_x = np.linspace(0, 20, 20)
9  line3_y = [(8 - 0.6 * y) for y in line3_x]
10
11 line4_x = np.linspace(0, 20, 20)
12 line4_y = [(17.5 - 2.5 * y) for y in line4_x]
13
14 lineobj_x = np.linspace(0, 20, 20)
15 lineobj_y = [10 - y for y in lineobj_x]
16
17 plt.axis([0, 20, 0, 20])
18
19 plt.plot(line3_x, line3_y)                     # 绘函数直线公式 3
20 plt.plot(line4_x, line4_y)                     # 绘函数直线公式 4
21 plt.plot(lineobj_x, lineobj_y)                 # 绘目标函数直线公式
22
23 plt.plot(5, 5, '-o')                           # 绘交叉点
24 plt.text(4.5, 5.5, '(5, 5)')                   # 输出(5, 5)
25 plt.xlabel("Research")
26 plt.ylabel("UI")
27 plt.grid()                                     # 加网格线
28 plt.show()
```

执行结果

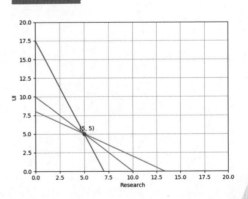

第 9 章
机器学习需要知道的
二次函数

9-1 二次函数的基础数学

9-1-1 解一元二次方程式的根

在中学数学中，我们学过下列一元二次方程式：

$ax^2 + bx + c = 0$ # 方程式

$f(x) = y = ax^2 + bx + c$ # 函数

上述 x 的最高项次数是二次方，而且 a 不等于 0，我们称上述是二次方程式，如果是函数则称二次函数。如果 x 最高项次数是三次方则称三次方程式，可以依此类推，如果 x 最高项次数是 n 次方则称 n 次方程式。对于二次方程式可以用下列方式获得根。

我们可以先将方程式用下列方式表达：

$ax^2 + bx = -c$

将上述二次方程式两边乘以 $4a$，可以得到下列结果：

$4a^2x^2 + 4abx = -4ac$

在方程式两边同时加上 b^2，可以得到下列结果：

$4a^2x^2 + 4abx + b^2 = -4ac + b^2$

两边同时开根号，可以得到下列结果：

$$2ax + b = \pm\sqrt{-4ac + b^2}$$

将 b 移至方程式右边，然后将 $2a$ 移至方程式右边，可以得到下列结果：

$$x = \frac{-b \pm \sqrt{-4ac + b^2}}{2a}$$

将 $-4ac + b^2$ 写成 $b^2 - 4ac$，如下所示：

$$x = \frac{-b \pm \sqrt{b^2 - 4ac}}{2a}$$

有时候会将上述称作是求根 (root)，所以有的人会将上述用下列方式表达：

$$r_1 = \frac{-b + \sqrt{b^2 - 4ac}}{2a} \qquad r_2 = \frac{-b - \sqrt{b^2 - 4ac}}{2a}$$

上述方程式计算 x 值（或称求根）有 3 种状况：

（1）如果上述 $b^2 - 4ac > 0$，

那么这个一元二次方程式有 2 个实数根。

（2）如果上述 $b^2 - 4ac = 0$，

那么这个一元二次方程式有 1 个实数根。

（3）如果上述 $b^2 - 4ac < 0$，

那么这个一元二次方程式没有实数根，是产生复数根。

实数根的几何意义是与 x 轴交叉点（相当于 $y=0$）的 x 坐标。

程序实例 ch9_1.py：解下列一元二次方程式：

$$x^2 - 2x - 8 = 0$$

```
1  # ch9_1.py
2  a = 1
3  b = -2
4  c = -8
5
6  r1 = (-b + (b**2-4*a*c)**0.5)/(2*a)
7  r2 = (-b - (b**2-4*a*c)**0.5)/(2*a)
8  print("r1 = %6.4f,  r2 = %6.4f" % (r1, r2))
```

执行结果

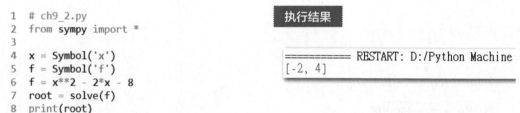

```
=========== RESTART: D:/Python Machine
r1 = 4.0000,  r2 = -2.0000
```

我们也可以使用 sympy 模块求解上述一元二次方程式。

程序实例 ch9_2.py：重新设计 ch9_1.py，这次使用 sympy 模块。

```
1  # ch9_2.py
2  from sympy import *
3
4  x = Symbol('x')
5  f = Symbol('f')
6  f = x**2 - 2*x - 8
7  root = solve(f)
8  print(root)
```

执行结果

```
=========== RESTART: D:/Python Machine
[-2, 4]
```

上述 ch9_2.py 使用 sympy 模块解一元二次方程式虽然好用，但是有的实数根有时无法获得实数结果，可以参考下列实例。

程序实例 ch9_3.py：使用 sympy 模块解下列一元二次方程式：

$$f(x) = 3(x-2)^2 - 2$$

```
1  # ch9_3.py
2  from sympy import *
3
4  x = Symbol('x')
5  f = Symbol('f')
6  f = 3*(x-2)**2 - 2
7  root = solve(f)
8  print(root)
```

执行结果

```
=========== RESTART: D:\Python Machine
[2 - sqrt(6)/3, sqrt(6)/3 + 2]
```

上述得到的是需要进一步运算的公式。

9-1-2　绘制一元二次方程式的图形

在一元二次方程式中，可以使用抛物线绘制此方程式图形：

$$y = f(x) = ax^2 + bx + c$$

如果 $a > 0$，代表函数抛物线开口向上。

程序实例 ch9_4.py：绘制 $y = 3x^2 - 12x + 10$ 的二次函数图形，同时标记和输出两个根：

```
1  # ch9_4.py
2  import matplotlib.pyplot as plt
3  import numpy as np
4
5  def f(x):
6      ''' 求解方程式 '''
7      return (3*x**2 - 12*x + 10)
8
9  a = 3
10 b = -12
11 c = 10
12 r1 = (-b + (b**2-4*a*c)**0.5)/(2*a)        # r1
13 r1_y = f(r1)                                # f(r1)
14 plt.text(r1-0.2, r1_y+0.3, '('+str(round(r1,2))+','+str(0)+')')
15 plt.plot(r1, r1_y, '-o')                    # 标记
16 print('root1 = ', r1)                       # print(r1)
17 r2 = (-b - (b**2-4*a*c)**0.5)/(2*a)        # r2
18 r2_y = f(r2)                                # f(r2)
19 plt.text(r2-0.2, r2_y+0.3, '('+str(round(r2,2))+','+str(0)+')')
20 plt.plot(r2, r2_y, '-o')                    # 标记
21 print('root2 = ', r2)                       # print(r2)
22
23 # 绘制此函数图形
24 x = np.linspace(0, 4, 50)
25 y = 3*x**2 - 12*x + 10
26 plt.plot(x, y)
27 plt.show()
```

执行结果

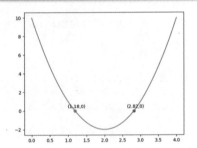

如果 $a < 0$，代表函数曲线开口向下。

程序实例 ch9_5.py：绘制 $f(x) = -3x^2 + 12x - 9$ 的函数图形，同时标记和输出两个根：

```
1  # ch9_5.py
2  import matplotlib.pyplot as plt
3  import numpy as np
4
5  def f(x):
6      ''' 求解方程式 '''
7      return (-3*x**2 + 12*x - 9)
8
9  a = -3
10 b = 12
11 c = -9
12 r1 = (-b + (b**2-4*a*c)**0.5)/(2*a)        # r1
13 r1_y = f(r1)                                # f(r1)
14 plt.text(r1-0.2, r1_y+0.3, '('+str(round(r1,2))+','+str(0)+')')
15 plt.plot(r1, r1_y, '-o')                    # 标记
16 print('root1 = ', r1)                       # print(r1)
17 r2 = (-b - (b**2-4*a*c)**0.5)/(2*a)        # r2
18 r2_y = f(r2)                                # f(r2)
19 plt.text(r2-0.3, r2_y+0.3, '('+str(round(r2,2))+','+str(0)+')')
20 plt.plot(r2, r2_y, '-o')                    # 标记
21 print('root2 = ', r2)                       # print(r2)
22
23 # 绘制此函数图形
24 x = np.linspace(0, 4, 50)
25 y = -3*x**2 + 12*x - 9
26 plt.plot(x, y)
27 plt.show()
```

执行结果

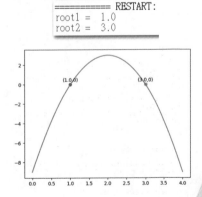

9-1-3　一元二次方程式的最小值与最大值

当 $a > 0$ 时，因为抛物线开口向上，所以可以找到此抛物线函数 $f(x)$ 的最小值。当 $a < 0$ 时，因为抛物线开口向下，所以可以找到此抛物线函数 $f(x)$ 的最大值。

对于二次函数 $y = ax^2 + bx + c$，不论是最大值或是最小值，坐标公式皆是：

$$(-\frac{b}{2a}, \frac{4ac - b^2}{4a})$$

笔者会在 9-5 节验证上述公式。

scipy 模块内的 optimize 模块内有 minimize_scalar( ) 方法可以找出 $f(x)$ 函数的最小值，也可以由此导入函数找出最小值的坐标 (x,y)，不过在使用 scipy 模块前需要安装此模块：

pip install scipy

然后程序前方需要导入此模块：

from scipy.optimize import minize_scalar

语法如下：

minimize_scalar(fun)

上述 fun 是一元二次方程式。

程序实例 ch9_6.py：重新设计 ch9_4.py，增加列出最小值的坐标 (x, y)，下列是此二次函数：

$y = 3x^2 - 12x + 10$

笔者先手动计算，由于 a 是 3 大于 0，所以可以得到最小值，下列是使用公式计算最小值坐标：

$x = -b / 2a = 12 / 6 = 2$

$y = (4ac - b^2)/4a = (4*3*10 - 12^2)/4*3 = (120 - 144)/ 12 = -24/12 = -2$

```
1  # ch9_6.py
2  import matplotlib.pyplot as plt
3  from scipy.optimize import minimize_scalar
4  import numpy as np
5
6  def f(x):
7      ''' 求解方程式 '''
8      return (3*x**2 - 12*x + 10)
9
10 a = 3
11 b = -12
12 c = 10
13 r1 = (-b + (b**2-4*a*c)**0.5)/(2*a)       # r1
14 r1_y = f(r1)                              # f(r1)
15 plt.text(r1+0.1, r1_y-0.2, '('+str(round(r1,2))+','+str(0)+')')
16 plt.plot(r1, r1_y, '-o')                  # 标记
17 print('root1 = ', r1)                     # print(r1)
18 r2 = (-b - (b**2-4*a*c)**0.5)/(2*a)       # r2
19 r2_y = f(r2)                              # f(r2)
20 plt.text(r2-0.6, r2_y-0.2, '('+str(round(r2,2))+','+str(0)+')')
21 plt.plot(r2, r2_y, '-o')                  # 标记
22 print('root2 = ', r2)                     # print(r2)
23
24 # 计算最小值
25 r = minimize_scalar(f)
26 print("当x是 %4.2f 时, 有函数最小值 %4.2f" % (r.x, f(r.x)))
27 plt.text(r.x-0.25, f(r.x)+0.3, '('+str(round(r.x,2))+','+str(round(r.x,2))+')')
28 plt.plot(r.x, f(r.x), '-o')               # 标记
29
30 # 绘制此函数图形
31 x = np.linspace(0, 4, 50)
32 y = 3*x**2 - 12*x + 10
33 plt.plot(x, y, color='b')
34 plt.show()
```

执行结果

```
========== RESTART: D:\Python Machine
root1 =  2.8164965809277263
root2 =  1.183503419072274
当x是 2.00 时, 有函数最小值 -2.00
```

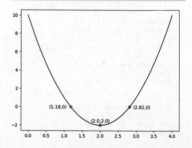

使用 minimize_scalar( ) 虽然可以找出 $f(x)$ 函数的最小值，但只要在此 $f(x)$ 回传时乘以 −1，即可找出 $f(x)$ 函数的最大值。

程序实例 ch9_7.py：重新设计 ch9_5.py，增加列出最大值的坐标 (x, y)，下列是此二次函数：

$$f(x) = -3x^2 + 12x - 9$$

笔者先手动计算，由于 a 是 −3 小于 0，所以可以得到最大值，下列是使用公式计算最大值坐标：

$$x = -b \;/\; 2a = -12 \;/\; -6 = 2$$
$$y = (4ac - b^2)/4a = [4*(-3)*9 - (-12)**2]/4*(-3) = (-108 - 144)/ -12 = -36/-12 = 3$$

下列是程序代码：

```
1  # ch9_7.py
2  import matplotlib.pyplot as plt
3  from scipy.optimize import minimize_scalar
4  import numpy as np
5
6  def fmax(x):
7      ''' 计算最大值 '''
8      return (-(-3*x**2 + 12*x - 9))
9
10 def f(x):
11     ''' 求解方程式 '''
12     return (-3*x**2 + 12*x - 9)
13
14 a = -3
15 b = 12
16 c = -9
17 r1 = (-b + (b**2-4*a*c)**0.5)/(2*a)          # r1
18 r1_y = f(r1)                                  # f(r1)
19 plt.text(r1+0.1, r1_y+-0.2, '('+str(round(r1,2))+','+str(0)+')')
20 plt.plot(r1, r1_y, '-o')                      # 标记
21 print('root1 = ', r1)                         # print(r1)
22 r2 = (-b - (b**2-4*a*c)**0.5)/(2*a)          # r2
23 r2_y = f(r2)                                  # f(r2)
24 plt.text(r2-0.5, r2_y-0.2, '('+str(round(r2,2))+','+str(0)+')')
25 plt.plot(r2, r2_y, '-o')                      # 标记
26 print('root2 = ', r2)                         # print(r2)
27
28 # 计算最大值
29 r = minimize_scalar(fmax)
30 print("当x是 %4.2f 时，有函数最大值 %4.2f" % (r.x, f(r.x)))
31 plt.text(r.x-0.25, f(r.x)-0.7, '('+str(round(r.x,2))+','+str(round(r.x,2))+')')
32 plt.plot(r.x, f(r.x), '-o')                   # 标记
33
34 # 绘制此函数图形
35 x = np.linspace(0, 4, 50)
36 y = -3*x**2 + 12*x - 9
37 plt.plot(x, y, color='b')
38 plt.show()
```

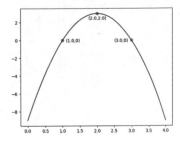

执行结果

```
=========== RESTART: D:\Python Machine
root1 =  1.0
root2 =  3.0
当x是 2.00 时，有函数最大值 3.00
```

9-1-4　二次函数参数整理

对于下列二次函数：

$$y = f(x) = ax^2 + bx + c$$

❑　参数 a

参数 a 决定抛物线的开口向上 $(a > 0)$ 或是向下 $(a < 0)$。

❑　参数 a 和 b

参数 a 和参数 b 会影响对称轴的位置，对称轴公式如下：

$$x = -b/2a$$

如果 $b = 0$，抛物线的对称轴是 y 轴。

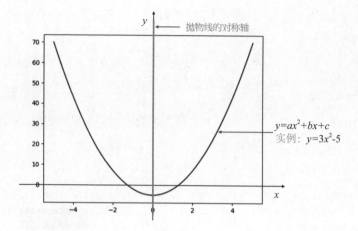

如果 a 和 b 是同号，对称轴在 y 轴左边。

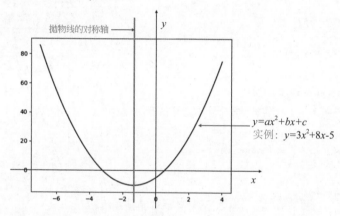

如果 a 和 b 是异号，对称轴在 y 轴右边。

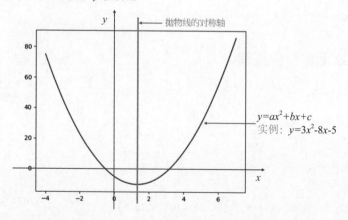

☐ 参数 c

参数 c 可以决定抛物线和 y 轴的交叉点，如果 x 为 0，表示 $y = c$。

9-1-5　三次函数的图形特征

所谓的三次函数，是指 x 的最高项是三次方，基本概念如下：

$$ax^3 + bx^2 + cx + d = 0 \qquad \text{\# } a \text{ 不等于 } 0$$

一元三次方程式其实也可以使用坐标图形表达，可以参考下列实例。

程序实例 ch9_8.py：绘制 x 在 $-1.0 \sim 1.0$ 的下列函数：

$$f(x) = x^3 - x$$

```
1  # ch9_8.py
2  import matplotlib.pyplot as plt
3  import numpy as np
4
5  # 绘制此函数图形
6  x = np.linspace(-1, 1, 100)
7  y = x**3 - x
8  plt.plot(x, y)
9  plt.grid()
10 plt.show()
```

执行结果

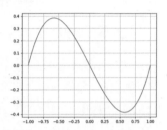

程序实例 ch9_9.py：绘制与 ch9_8.py 相同的函数，但是 x 在 $-2.0 \sim 2.0$。

```
1  # ch9_9.py
2  import matplotlib.pyplot as plt
3  import numpy as np
4
5  # 绘制此函数图形
6  x = np.linspace(-2, 2, 100)
7  y = x**3 - x
8  plt.plot(x, y)
9  plt.grid()
10 plt.show()
```

执行结果

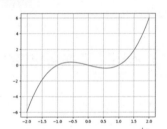

9-2　从一次到二次函数

在前面章节所学的直线关系中，数据的呈现是 $y = ax + b$，y 值将随着 x 值变更，随斜率 (a) 比例更改。在真实的数据中，y 值可能无法这么单纯地随 x 值用相同的斜率变更。

9-2-1　呈现好的变化

假设某公司，第 1 年业务员外出拜访 100 天，创造 500 单业绩；第 2 年业务员外出拜访 200 天，创造 1000 单业绩；第 3 年外出拜访 300 天，创造 2000 单业绩，可参考下图。

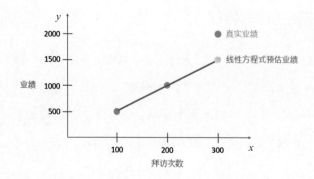

如果实际业绩比预估业绩好，表示有好的变化。原因可能是经过 2 年的努力，产品在客户之间口口相传，已获得一定口碑，有些客户会主动上门或是客户已有意愿只等业务员拜访就成交了。

9-2-2　呈现不好的变化

假设某公司第 1 年业务员外出拜访 100 天，创造 500 单业绩；第 2 年业务员外出拜访 200 天，创造 1000 单业绩；第 3 年外出拜访 300 天，创造 1200 单业绩，可参考右图。

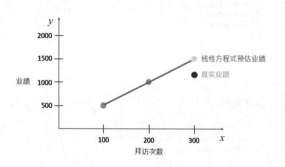

如果实际业绩比预估业绩差，表示有不好的变化，原因可能是客户已经饱和，开发客户碰上瓶颈，或是出现未知的问题，这时就是需要自我检讨找出原因的时候了。

9-3　认识二次函数的系数

在一次线性函数 $y = ax + b$ 中，a 是斜率、b 是截距，二次函数可参考下列公式：

$$y = ax^2 + bx + c$$

a、b、c 就不称斜率或截距，而是直接称系数，a 是 x 的二次方系数，b 是 x 的一次方系数，c 是常数。若是将二次方程式与一次方程式做比较，可以发现二次方程式增加了下列项目：

$$ax^2$$

将这个项目应用在 9-2 节可以得到，当实际业绩大于线性预估的业绩时，ax^2 呈现的是正向变化，这表示 $a > 0$，同时随着 x 的值增加，ax^2 的值也会增加，可参考下图。

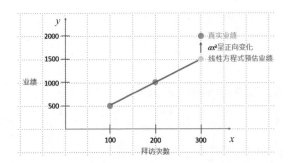

将这个项目应用在 9-2 节可以得到，当实际业绩小于线性预估的业绩时，ax^2 呈现的是负向变化，这表示 $a < 0$，同时随着 x 的值增加，将加大负值。

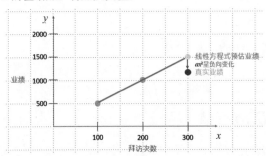

9-4　使用 3 个点求解二次函数

9-4-1　手动求解二次函数

在线性代数概念中，有 2 个点可以找出一次函数，其实有 3 个点可以找出二次函数，这个概念可以继续类推。

将 9-2-1 节的数据代入下列二次方程式：

$$y = ax^2 + bx + c$$

x 代表拜访次数，以 100 为单位，y 是实际业绩，可以得到下列 3 个二次方程式：

```
500 = a + b + c          # 第 100 次 x = 1
1000 = 4a + 2b + c       # 第 200 次 x = 2
2000 = 9a + 3b + c       # 第 300 次 x = 3
```

首先看前 2 个方程式，由于有 c，分别将第 200 次和第 300 次公式减去第 100 次公式，可以得到下列联立方程式：

```
500 = 3a + b             # 第 200 次公式减去第 100 次公式
1500 = 8a + 2b           # 第 300 次公式减去第 100 次公式
```

简化后可以得到下列联立方程式：

$$500 \;=\; 3a + b \qquad\qquad \text{\# 公式一}$$
$$750 \;=\; 4a + b \qquad\qquad \text{\# 公式二}$$

将公式二减去公式一，可以得到下列结果：

$$a = 250$$

将 $a = 250$ 代入公式一，可以得到：

$$b = -250$$

将 $a = 250$，$b = -250$ 代入第 100 次公式，可以得到：

$$c = 500$$

经过上述运算我们获得了代表 9-2-1 节数据的二次函数：

$$y = f(x) = 250x^2 - 250x + 500$$

9-4-2　程序求解二次函数

笔者再列一次联立方程式如下：

$$500 \;=\; a + b + c \qquad\qquad \text{\# 第 100 次 } x = 1$$
$$1000 \;=\; 4a + 2b + c \qquad\quad \text{\# 第 200 次 } x = 2$$
$$2000 \;=\; 9a + 3b + c \qquad\quad \text{\# 第 300 次 } x = 3$$

程序实例 ch9_10.py：求解上述联立方程式。

```
1  # ch9_10.py
2  import matplotlib.pyplot as plt
3  from sympy import Symbol, solve
4  import numpy as np
5
6  a = Symbol('a')                    # 定义公式中使用的变量
7  b = Symbol('b')                    # 定义公式中使用的变量
8  c = Symbol('c')                    # 定义公式中使用的变量
9
10 eq1 = a + b + c - 500              # 第100次公式
11 eq2 = 4*a + 2*b + c - 1000         # 第200次公式
12 eq3 = 9*a + 3*b + c - 2000         # 第300次公式
13 ans = solve((eq1, eq2, eq3))
14 print('a = {}'.format(ans[a]))
15 print('b = {}'.format(ans[b]))
16 print('c = {}'.format(ans[c]))
```

执行结果

```
============ RESTART: D:/Python Machine
a = 250
b = -250
c = 500
```

由上述运算结果，我们可以得到下列二次函数：

$$y = f(x) = 250x^2 - 250x + 500$$

9-4-3 绘制二次函数

程序实例 ch9_11.py：扩充 ch9_10.py，先使用相同的数据找出此二次函数，然后绘制此二次函数图形，同时将先前拜访次数所创的业绩在图上标记出来，再用所计算的二次函数求解当拜访客户400 次时，所产生的业绩，同时在坐标图内标记此坐标。

```python
1  # ch9_11.py
2  import matplotlib.pyplot as plt
3  from sympy import Symbol, solve
4  import numpy as np
5
6  a = Symbol('a')                          # 定义公式中使用的变量
7  b = Symbol('b')                          # 定义公式中使用的变量
8  c = Symbol('c')                          # 定义公式中使用的变量
9  eq1 = a + b + c - 500                     # 第100次公式
10 eq2 = 4*a + 2*b + c - 1000                # 第200次公式
11 eq3 = 9*a + 3*b + c - 2000                # 第300次公式
12 ans = solve((eq1, eq2, eq3))
13 print('a = {}'.format(ans[a]))
14 print('b = {}'.format(ans[b]))
15 print('c = {}'.format(ans[c]))
16
17 x = np.linspace(0, 5, 50)
18 y = [(ans[a]*y**2 + ans[b]*y + ans[c]) for y in x]
19 plt.plot(x, y)                           # 绘二次函数
20
21 x4 = 4                                    # 第400次
22 y4 = ans[a]*x4**2 + ans[b]*x4 + ans[c]   # 第400次的y值
23 plt.plot(x4, y4, '-o')                    # 绘交叉点
24 plt.text(x4-0.7, y4-50, '('+str(x4)+','+str(y4)+')')
25
26 plt.plot(1, 500, '-x', color='b')         # 绘100次业绩点
27 plt.text(1-0.7, 500-50, '('+str(1)+','+str(500)+')')
28 plt.plot(2, 1000, '-x', color='b')        # 绘200次业绩点
29 plt.text(2-0.7, 1000-50, '('+str(2)+','+str(1000)+')')
30 plt.plot(3, 2000, '-x', color='b')        # 绘300次业绩点
31 plt.text(3-0.7, 2000-50, '('+str(3)+','+str(2000)+')')
32
33 plt.xlabel("Times(unit=100)")
34 plt.ylabel("Revenue")
35 plt.grid()                                # 加网格线
36 plt.show()
```

执行结果

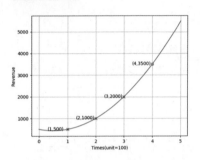

9-4-4 使用业绩回推应有的拜访次数

只要有拜访次数的 x 值，我们可以使用二次函数轻易预估业绩；从另一方面考虑，如果要达到3000 张考卷业绩，应该要有多少拜访客户的次数？请参考下图：

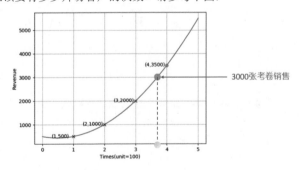

这时二次方程式应该如下所示：

$$250x^2 - 250x + 500 = 3000$$

83

我们可以使用 9-1 节的方式求解，首先两边减去 3000，可以得到下列公式：

$$250x^2 - 250x + 500 - 3000 = 0$$

所以二次方程式的公式如下：

$$250x^2 - 250x - 2500 = 0$$

两边除以 250，可以得到下列结果：

$$x^2 - x - 10 = 0$$

程序实例 ch9_12.py：计算要达到 3000 张考卷销售，需要多少拜访次数，在这个程序设计中因为拜访次数必须是正值，所以负数根将舍去。

```
1  # ch9_12.py
2  a = 1
3  b = -1
4  c = -10
5
6  r1 = (-b + (b**2-4*a*c)**0.5)/(2*a)
7  r2 = (-b - (b**2-4*a*c)**0.5)/(2*a)
8  if r1 > 0:
9      times = int(r1 * 100)
10 else:
11     if r2 > 0:
12         times = int(r2 * 100)
13 print("拜访次数 = {}".format(times))
```

执行结果

```
========== RESTART: D:\Python Machine
拜访次数 = 370
```

上述我们使用了销售一定数量计算客户拜访次数的方法，下一节笔者将介绍在机器学习中常常使用的方法"配方法"。

9-5 二次函数的配方法

9-5-1 基本概念

我们在前几节所认识的二次函数概念如下：

$$y = ax^2 + bx + c \qquad \text{\# 这称一般式}$$

另一个二次函数的表达方式如下：

$$y = a(x - h)^2 + k \qquad \text{\# 这称标准式}$$

从前面可以了解二次函数在坐标中其实是一个抛物线，在标准式中，可以清楚得到抛物线的顶点坐标是 (h, k)。

也就是说当 $x = h$ 时，此二次函数可以得到：

$$y = k$$

上述可能是最大值或是最小值，下文会推导解释上述概念，这个概念在机器学习过程中使用最小平方法计算最小误差时会使用。

9-5-2　配方法

所谓的配方法就是将二次函数从一般式推导到标准式，方法如下：

$$y = ax^2 + bx + c$$

推导步骤如下：

$$y = a\left(x^2 + \frac{b}{a}x\right) + c$$

接下来在括号内加上 $b^2/4a^2$，括号外减去 $b^2/4a$。

$$y = a\left(x^2 + \frac{b}{a}x + \frac{b^2}{4a^2}\right) + c - \frac{b^2}{4a}$$

处理括号内外的公式：

$$y = a(x + \frac{b}{2a})^2 + \frac{4ac - b^2}{4a}$$

下列是假设 h 和 k 的值：

$$h = -\frac{b}{2a}$$

$$k = \frac{4ac - b^2}{4a}$$

所以最后可以得到下列二次函数的标准式：

$$y = a(x - h)^2 + k$$

9-5-3　从标准式计算二次函数的最大值

二次函数的标准式概念如下：

$$y = a(x - h)^2 + k$$

当 $a < 0$ 时抛物线开口向下，因为 $(x - h)^2 \geq 0$，所以可以得到：

$$a(x - h)^2 \leq 0$$

当 $x = h$ 时，会造成：

$$a(x - h)^2 = 0$$

这时可以得到 $y = k$ 是最大值，因为：

$$y = a(x-h)^2 + k$$
$$y = 0 + k$$
$$y = k$$

所以当二次函数存在最大值时，最大值的坐标如下：

$$(-\frac{b}{2a}, \frac{4ac-b^2}{4a})$$

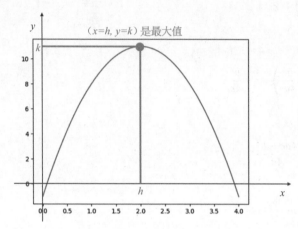

9-5-4　从标准式计算二次函数的最小值

二次函数的标准式概念如下：

$$y = a(x-h)^2 + k$$

当 $a > 0$ 时抛物线开口向上，因为 $(x-h)^2 \geqslant 0$，所以可以得到：

$$a(x-h)^2 \geqslant 0$$

当 $x = h$ 时，会造成：

$$a(x-h)^2 = 0$$

这时可以得到 $y = k$ 是最小值，因为：

$$y = a(x-h)^2 + k$$
$$y = 0 + k$$
$$y = k$$

所以当二次函数存在最小值时，最小值的坐标如下：

$$(-\frac{b}{2a}, \frac{4ac-b^2}{4a})$$

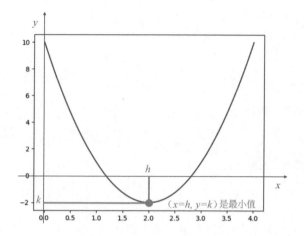

9-6　二次函数与解答区间

二次函数的用途不仅可以找出最大值、最小值或符合特定条件的值，还可以找出特定解答区间的值。

9-6-1　营销问题分析

网络营销已经成为产品销售非常重要的一环，适度让产品曝光对产品营销一定有帮助。一家公司经过调查发现适度营销可以增加销售量，但是曝光太多次反而会造成相反效果。

下列是公司内部的统计信息：

每月次数	增加业绩金额 / 万元
1	10
2	18
3	19

下列是坐标图表信息：

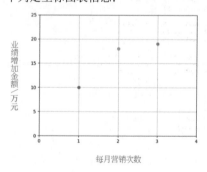

9-6-2　二次函数分析增加业绩的营销次数

假设营销次数是 x，增加业绩单位是万元、金额是 y。将上述数据代入二次函数 $y = ax^2 + bx + c$ 可以得到下列联立方程式：

$a + b + c = 10$

$4a + 2b + c = 18$

$9a + 3b + c = 19$

经过计算可以得到下列 a、b、c 的值：

$a = -3.5$

$b = 18.5$

$c = -5$

所以可以得到营销的二次函数：

$y = -3.5x^2 + 18.5x - 5$

参考 9-5 节可以得到二次函数的标准式：

$$y = -3(x - 2.6)^2 + 19.4 \qquad\qquad \text{\# 2.6 和 19.4 是舍去小数点后第 2 位}$$

程序实例 ch9_13.py：绘制上述数据的图表，同时使用 'x' 标记此原始数据，并使用圆点标记极大值。

```python
1  # ch9_13.py
2  import matplotlib.pyplot as plt
3  from sympy import Symbol, solve
4  import numpy as np
5
6  a = Symbol('a')                               # 定义公式中使用的变量
7  b = Symbol('b')                               # 定义公式中使用的变量
8  c = Symbol('c')                               # 定义公式中使用的变量
9  eq1 = a + b + c - 10                          # 第1次公式
10 eq2 = 4*a + 2*b + c - 18                      # 第2次公式
11 eq3 = 9*a + 3*b + c - 19                      # 第3次公式
12 ans = solve((eq1, eq2, eq3))
13 print('a = {}'.format(ans[a]))
14 print('b = {}'.format(ans[b]))
15 print('c = {}'.format(ans[c]))
16
17 x = np.linspace(0, 4, 50)
18 y = [(ans[a]*y**2 + ans[b]*y + ans[c]) for y in x]
19 plt.plot(x, y)                               # 绘二次函数
20
21 plt.plot(1, 10, '-x', color='b')             # 绘1次业绩点
22 plt.plot(2, 18, '-x', color='b')             # 绘2次业绩点
23 plt.plot(3, 19, '-x', color='b')             # 绘3次业绩点
24
25 h = (-1 * ans[b] / (2 * ans[a]))
26 k = (4 * ans[a] * ans[c] - (ans[b] ** 2)) / (4 * ans[a])
27 plt.plot(h, k, '-o', color='b')              # 绘最大值坐标
28 h = round(float(h), 1)
29 k = round(float(k), 1)
30 plt.text(h-0.25, k-1.5, '('+str(h)+','+str(k)+')')
31
32 plt.xlabel("Times")
33 plt.ylabel("Performance")
34 plt.grid()                                   # 加网格线
35 plt.show()
```

执行结果

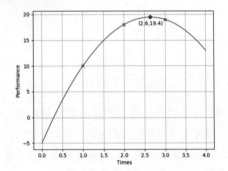

从上图可以看到，每个月的营销次数以 2.6 次为最佳，这时可以增加业绩 19.4 万元，如果营销次数超过 2.6 次，业绩的增幅开始减少。当然上述数据以教学为目的，只使用 3 笔数据，如果数据更多整体分析将更有说服力。

9-6-3 将不等式应用在条件区间

前一小节的实例是计算应有多少次营销才可以达到业绩的最大增幅，假设现在改为想要达到销售增幅 15 万元（含）以上。这时的 y 值概念如下：

$y \geqslant 15$

相当于是要取得下列黄色区间的业绩增幅：

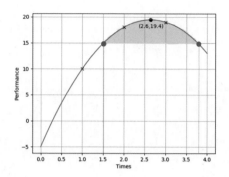

请再看一次营销的二次函数：

$y = -3.5x^2 + 18.5x - 5$

由于 y 是 15，所以可以得到下列二次函数：

$15 = -3.5x^2 + 18.5x - 5$

可以得到下列推导结果：

$-3.5x^2 + 18.5x - 20 = 0$

程序实例 ch9_14.py：计算公式 $-3.5x^2+18.5x-20=0$ 的值。

```
1  # ch9_14.py
2  from sympy import *
3
4  x = Symbol('x')
5  eq = -3.5*x**2 + 18.5*x - 20
6  ans = solve(eq)
7  x1 = round(ans[0], 1)
8  x2 = round(ans[1], 1)
9  print('x1 = {}'.format(x1))
10 print('x2 = {}'.format(x2))
```

执行结果

```
=========== RESTART:
x1 = 1.5
x2 = 3.8
```

营销必须在 1.5 ～ 3.8 次，才可以得到业绩增幅 15 万元以上的结果。

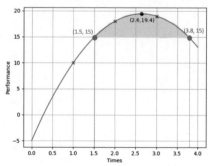

9-6-4 非实数根

有了上述营销的二次函数，假设我们期待业绩的增幅达到 25 万元，这时的二次函数可以改写成下列结果：

$$25 = -3(x - 2.6)^2 + 19.4 \qquad \text{\# 标准式}$$

上述公式可以推导下列结果：

$$5.6 = -3(x - 2.6)^2$$

进一步可以推导下列结果：

$$(x - 2.6)^2 = -1.87$$

左边数字的平方结果是负值，这是非实数根，显然这不是现实中存在的数字，因此，如果期待有这个业绩增幅，公司必须另外思考其他增加业绩的方法。

第 1 0 章

机器学习的最小平方法

本章除了介绍最小平方法的数学原理，还将介绍 numpy 模块的 polyfit( ) 函数，读者可以很轻松地处理最小平方法的问题。

10-1 最小平方法基本概念

10-1-1 基本概念

最小平方法 (least squares method) 是一种数学优化的方法，主要是使用最小误差的概念寻找最佳函数。假设有数据如下：

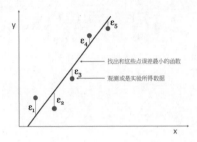

红色各点是观测或是实验所得数据，现在我们想要找出一条函数线条（紫色线条），使得实际数据与此函数之间误差的平方和最小。上述图表中，笔者使用数学或统计学中常用的希腊字母 ε 代表误差。

注 （1）在线性循环模型中，误差是指数据点到函数线条垂直方向的距离。

使用更简单的叙述，即所找出的函数线条将会穿越数据点的中间，但不是每个点都在此函数线上。

（2）读者可能会想为何不直接误差加总，而要采用平方和，原因是直接误差加总，有的误差是正值，有的误差是负值，采取加总可能互相抵消。例如：有 3 个点，假设误差分别是 +10、+3、−12，如果采取加总误差是 1，可以参考下方左图；另一个假设误差分别是 0、1、0，加总误差也是 1，可以参考下方右图。但是这两个图表的误差，彼此却有很大的差异。

（3）读者可能会想是否误差采用取绝对值的方法也可以，这个概念是可行的，不过这时须增加正负值判断，所以有些麻烦，因此最后是采用平方之后再加总的方法，这也是现在机器学习所采用的最小平方法。

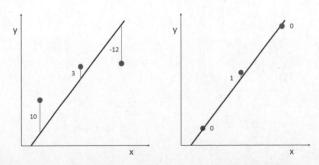

最小平方方法一般是归功于高斯 (Carl Friedrich Gauss)，不过是由阿德里安 - 马里 (Andrien-Marie Legendre) 最先发表。

10-1-2　数学观点

假设有 n 个数据，如下所示：

$(x1, y1), (x2, y2), \cdots (xn, yn)$

现在要找出下列线性函数：

$y = f(x) = ax + b$

让误差最小：

$\varepsilon = (f(x1)\text{-}y1)^2 + (f(x2)\text{-}y2)^2 + \cdots + (f(xn)\text{-}yn)^2$

10-2　简单的企业实例

业务员拜访客户的数据如下：

	拜访次数（单位：100）	国际证照考卷销售张数
第 1 年	1	500
第 2 年	2	1000
第 3 年	3	2000

在第 9-4-3 节笔者使用二次函数解了上述问题，实际上在做业绩预估时，可能会受许多因素影响，因此无法实现像二次函数图表方式的业绩成长。现在我们再度回到直线的线性关系，如右图所示。

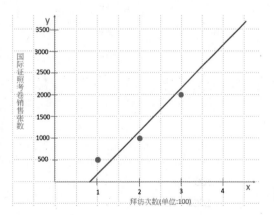

也就是业绩可能会是一条直线，由此直线再做业绩预估。但是现在我们也发现这一条业绩线不是通过所有的点，甚至和每个数据点皆有误差。假如紫色线是我们得到的业绩线，可以看到第 1 年业绩比预估好，第 2 和第 3 年业绩比预估差。

本章主要就是要由实际销售数据，找出误差最小的业绩线，使用的方法是最小平方方法。

10-3 机器学习建立含误差值的线性方程式

10-3-1 概念启发

机器学习中很重要的一环是建立最小误差的线性函数，从前一节的概念中我们知道重点是要找出与各数据点误差最小的方程式。现在再度回到下列一元一次方程式：

$$y = ax + b$$

可以为各个数据点建立下列一元一次方程式：

$$y = ax + b + \varepsilon$$

现在将 3 个数据点代入含误差的线性方程式：

$$500 = 1a + b + \varepsilon_1 \qquad \text{\# } 1a = 1*a$$

$$1000 = 2a + b + \varepsilon_2 \qquad \text{\# } 2a = 2*a$$

$$2000 = 3a + b + \varepsilon_3 \qquad \text{\# } 3a = 3*a$$

参考上述线性方程式，我们可以绘制下列图表。

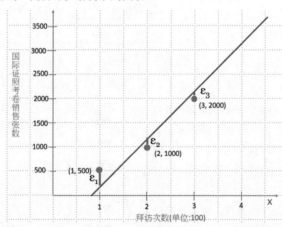

上述各点与预估线条的误差分别是 ε_1、ε_2、ε_3。我们可以将误差写成下列方程式：

$$\varepsilon_1 = 500 - 1a - b$$

$$\varepsilon_2 = 1000 - 2a - b$$

$$\varepsilon_3 = 2000 - 3a - b$$

从上述可以得到下列误差平方和：

$$\varepsilon_1{}^2 + \varepsilon_2{}^2 + \varepsilon_3{}^2 = (500 - a - b)^2 + (1000 - 2a - b)^2 + (2000 - 3a - b)^2$$

为了简化运算，笔者将销售单位改为100，所以整个公式如下：

$$\varepsilon_1^2 + \varepsilon_2^2 + \varepsilon_3^2 = (5 - a - b)^2 + (10 - 2a - b)^2 + (20 - 3a - b)^2$$

10-3-2　三项和的平方

下列是笔者已经推导出的三项和的平方公式：

$$(a + b + c)^2 = a^2 + b^2 + c^2 + 2ab + 2bc + 2ac$$

这个公式对于计算 10-3-1 节的公式非常有用，读者可以直接套用。

10-3-3　公式推导

拆解 $(5 - a - b)^2$，可以得到下列结果：

$$(5 - a - b)^2 = 25 + a^2 + b^2 - 10a - 10b + 2ab$$

拆解 $(10 - 2a - b)^2$，可以得到下列结果：

$$(10 - 2a - b)^2 = 100 + 4a^2 + b^2 - 40a - 20b + 4ab$$

拆解 $(20 - 3a - b)^2$，可以得到下列结果：

$$(20 - 3a - b)^2 = 400 + 9a^2 + b^2 - 120a - 40b + 6ab$$

接下来将上述相加，就可以得到误差平方和。

$$\varepsilon_1^2 + \varepsilon_2^2 + \varepsilon_3^2 = a^2 + b^2 + 2ab - 10a - 10b + 25$$
$$+ 4a^2 + b^2 + 4ab - 40a - 20b + 100$$
$$+ 9a^2 + b^2 + 6ab - 120a - 40b + 400$$

进一步加总可以得到下列结果：

$$\varepsilon_1^2 + \varepsilon_2^2 + \varepsilon_3^2 = 14a^2 + 3b^2 + 12ab - 70b - 170a + 525$$

10-3-4　使用配方法计算直线的斜率和截距

现在必须将斜率 a 或截距 b 改写成 a 或 b 的配方法，不论是使用 a 或 b 开始，皆可以获得一样的结果。现在笔者先从截距 b 开始，首先必须将 b^2 项，b 项以及和 b 无关的常数项目列出来放后面，如下所述：

$$= 3b^2 + (12a - 70)b + 14a^2 - 170a + 525$$

现在进行配方法：

$$= 3[b^2 + (12a - 70)b/3] + 14a^2 - 170a + 525$$
$$= 3[b^2 + 2b(2a - 11.67)] + 14a^2 - 170a + 525$$

$$= 3[b + (2a - 11.67)]^2 - 3(2a - 11.67)^2 + 14a^2 - 170a + 525$$
$$= 3[b + (2a - 11.67)]^2 - 3(4a^2 - 46.68a + 136.19) + 14a^2 - 170a + 525$$

下列是处理不同区块：

$$= 3[b + (2a - 11.67)]^2 - 3(4a^2 - 46.68a + 136.19) + 14a^2 - 170a + 525$$
$$= 3[b + (2a - 11.67)]^2 + 2a^2 - 30a + 116$$

所以在顶点时，$(2a - 11.67)^2$ 必须为 0，所以可以得到下列结果：

$$b = -(2a - 11.67) \quad -----> \quad b = -2a + 11.67$$

当 $b = -2a + 11.67$ 时，二次项将是 0，后面的 $2a^2 - 30a + 116$ 则是没有关系的常数项。

但是对斜率 $2a^2 - 30a + 116$ 而言，a 也是二次函数，现在我们必须为此计算最小值。下列是此误差的完整公式：

$$\varepsilon_1^2 + \varepsilon_2^2 + \varepsilon_3^2 = 3[b + (2a - 11.67)]^2 + 2a^2 - 30a + 116$$
$$= 3[b + (2a - 11.67)]^2 + 2(a - 7.5)^2 + 3.5$$

当 $a = 7.5$ 时，二次项将是 0。

所以现在的联立方程式内容如下：

$$a = 7.5 \qquad\qquad\qquad\qquad\qquad \text{\# } a \text{ 是斜率}$$
$$b = -2*7.5 + 11.67$$

将 a 代入 b 方程式，可以得到：

$$b = -2*7.5 + 11.67 = -3.33 \qquad\qquad \text{\# } b \text{ 是截距}$$

所以最后可以得到最小误差平方和的方程式如下：

$$y = 7.5x - 3.33$$

程序实例 ch10_1.py：使用上述计算的最小误差平方和的方程式绘制销售国际证照考卷的张数图表，同时将 y 轴的销售张数单位改为 100。

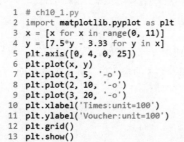

```
1  # ch10_1.py
2  import matplotlib.pyplot as plt
3  x = [x for x in range(0, 11)]
4  y = [7.5*y - 3.33 for y in x]
5  plt.axis([0, 4, 0, 25])
6  plt.plot(x, y)
7  plt.plot(1, 5, '-o')
8  plt.plot(2, 10, '-o')
9  plt.plot(3, 20, '-o')
10 plt.xlabel('Times:unit=100')
11 plt.ylabel('Voucher:unit=100')
12 plt.grid()                        # 加网格线
13 plt.show()
```

执行结果

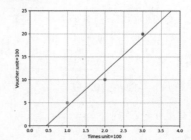

10-4　numpy 实践最小平方方法

10-3 节笔者一步一步推导计算了回归直线的系数，同时得到了下列回归直线：

$y = 7.5x - 3.33$

numpy 有一个 polyfit( ) 函数，当我们有拜访次数与销售考卷数据后，可以使用此函数计算回归直线的数据，此函数用法如下所示：

```
polyfit(x, y, deg)
```

上述 deg 是多项式的最高次方，如果是一次多项式此值是 1。

程序实例 ch10_2.py：使用 10-3 节的数据和 numpy 模块的 polyfit( ) 函数计算回归直线 $y=ax+b$ 的系数 a 和 b。

```
1  # ch10_2.py
2  import numpy as np
3
4  x = np.array([1, 2, 3])              # 拜访次数，单位是100
5  y = np.array([5, 10, 20])            # 销售考卷数，单位是100
6
7  a, b = np.polyfit(x, y, 1)
8  print('斜率 a = {0:5.2f}'.format(a))
9  print('截距 a = {0:5.2f}'.format(b))
```

执行结果

```
=========== RESTART: D:\Python
斜率 a =  7.50
截距 a = -3.33
```

由上述实例我们轻松获得了回归直线的系数，不过当懂得原理后再用程序实践，相信读者心中可以更踏实。

程序实例 ch10_3.py：绘制回归直线与所有的点。

```
1  # ch10_3.py
2  import matplotlib.pyplot as plt
3  import numpy as np
4
5  x = np.array([1, 2, 3])              # 拜访次数，单位是100
6  y = np.array([5, 10, 20])            # 销售考卷数，单位是100
7
8  a, b = np.polyfit(x, y, 1)           # 回归直线
9  print('斜率 a = {0:5.2f}'.format(a))
10 print('截距 a = {0:5.2f}'.format(b))
11
12 y2 = a*x + b
13 plt.scatter(x, y)                    # 绘制散布图
14 plt.plot(x, y2)                      # 绘制回归直线
15 plt.show()
```

执行结果

Python Shell 窗口所显示的斜率与截距则省略。

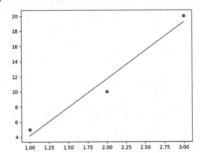

10-5　线性回归

10-3 节笔者使用几个数据建立了这些数据的最小平方误差的直线，这就是简单线性回归的实例，前一节所获得的公式如下：

$$y = 7.5x - 3.33$$

在上述公式中，x 称自变量 (independent variable)，y 因为会随 x 而改变，所以 y 称因变量 (dependent variable)。然后又将这类关系称线性回归模型 (linear regression model)。

程序实例 ch10_4.py：假设要达到 2500 张考卷销售，计算需要拜访客户几次，同时用图表表达。

```
1  # ch10_4.py
2  import matplotlib.pyplot as plt
3  x = [x for x in range(0, 11)]
4  y = [7.5*y - 3.33 for y in x]
5  voucher = 25                          # unit = 100
6  ans_x = (25 + 3.33) / 7.5
7  print('拜访次数 = {}'.format(int(ans_x*100)))
8  plt.axis([0, 4, 0, 30])
9  plt.plot(x, y)
10 plt.plot(1, 5, '-x')
11 plt.plot(2, 10, '-x')
12 plt.plot(3, 20, '-x')
13 plt.plot(ans_x, 25, '-o')
14 plt.text(ans_x-0.6, 25+0.2, '('+str(int(ans_x*100))+','+str(2500)+')')
15 plt.xlabel('Times:unit=100')
16 plt.ylabel('Voucher:unit=100')
17 plt.grid()                            # 加网格线
18 plt.show()
```

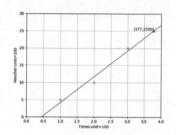

10-6 实例应用

10-3 节的实例因为笔者使用手工计算，为了简化所以数据只有 3 笔，实际上一定会有许多数据，本节将直接展示真实的实例。有一家便利商店记录了天气温度与饮料的销量，如下所示：

气温（单位：℃）	22	26	23	28	27	32	30
销量（单位：杯）	15	35	21	62	48	101	86

上述笔者并没有将气温数据排序，不过仍可正常执行。

程序实例 ch10_5.py：使用上述数据计算气温 31℃ 时的饮料销量，同时标记此图表。

```
1  # ch10_5.py
2  import matplotlib.pyplot as plt
3  import numpy as np
4
5  x = np.array([22, 26, 23, 28, 27, 32, 30])    # 温度
6  y = np.array([15, 35, 21, 62, 48, 101, 86])   # 饮料销售数量
7
8  a, b = np.polyfit(x, y, 1)                     # 回归直线
9  print('斜率 a = {0:5.2f}'.format(a))
10 print('截距 a = {0:5.2f}'.format(b))
11
12 y2 = a*x + b
13 plt.scatter(x, y)                              # 绘制散布图
14 plt.plot(x, y2)                                # 绘制回归直线
15
16 sold = a*31 + b
17 print('气温31℃时的销量 = {}'.format(int(sold)))
18 plt.plot(31, int(sold), '-o')
19 plt.show()
```

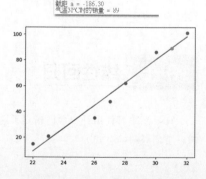

98

第 11 章

机器学习必须懂的集合

11-1　使用 Python 建立集合

集合由元素组成，基本概念是无序且每个元素是唯一的。例如：一个骰子有 6 面，每一面是一个数字，每个数字是一个元素，我们可以使用集合代表这 6 个数字：

```
{1, 2, 3, 4, 5, 6}
```

11-1-1　使用 { } 建立集合

Python 可以使用大括号 { } 建立集合，下列是建立 lang 集合，此集合元素是 'Python'、'C'、'Java'。

```
>>> lang = {'Python', 'C', 'Java'}
>>> lang
{'Python', 'Java', 'C'}
```

下列是建立 A 集合，集合元素是自然数 1、2、3、4、5。

```
>>> A = {1, 2, 3, 4, 5}
>>> A
{1, 2, 3, 4, 5}
```

11-1-2　集合元素是唯一的

因为集合元素是唯一的，所以即使建立集合时有元素重复，也只有一份会被保留。

```
>>> A = {1, 1, 2, 2, 3, 3, 3}
>>> A
{1, 2, 3}
```

11-1-3　使用 set( ) 建立集合

Python 内建的 set( ) 函数也可以建立集合，set( ) 函数的参数只能有一个元素，此元素的内容可以是字符串 (string)、列表 (list)、元组 (tuple)、字典 (dict) 等。下列是使用 set( ) 建立集合，元素内容是字符串。

```
>>> A = set('Deepmind')
>>> A
{'i', 'm', 'd', 'D', 'n', 'e', 'p'}
```

从上述运算我们可以看到，原始字符串有 2 个 e，但是在集合内只出现一次，因为集合元素是唯一的。此外，虽然建立集合时的字符串是 'Deepmind'，但是在集合内字母顺序完全被打散了，因为集合是无序的。

下列是使用列表建立集合的实例。

```
>>> A = set(['Python', 'Java', 'C'])
>>> A
{'Python', 'Java', 'C'}
```

11-1-4　集合的基数 (cardinality)

所谓集合的基数 (cardinality) 是指集合元素的数量，可以使用 len( ) 函数取得。

```
>>> A = {1, 3, 5, 7, 9}
>>> len(A)
5
```

11-1-5　建立空集合要用 set( )

如果使用 { }，将是建立空字典。建立空集合必须使用 set( )。

程序实例 ch11_1.py：建立空字典与空集合。

```
1  # ch11_1.py
2  empty_dict = {}                             # 这是建立空字典
3  print("打印类 = ", type(empty_dict))
4  empty_set = set()                           # 这是建立空集合
5  print("打印类 = ", type(empty_set))
```

执行结果

```
========== RESTART: D:\Python Machine
打印类 =  <class 'dict'>
打印类 =  <class 'set'>
```

11-1-6　大数据与集合的应用

笔者的朋友在某知名企业工作，收集了海量数据使用列表保存，这里面有些数据是重复出现，他曾经询问笔者应如何将重复的数据删除，笔者告知他如果使用 C 语言可能要花几个小时解决，但是如果使用 Python 的集合概念，只要花约 1 分钟就解决了。其实只要将列表数据使用 set( ) 函数转为集合数据，再使用 list( ) 函数将集合数据转为列表数据就可以了。

程序实例 ch11_2.py：将列表内重复的数据删除。

```
1  # ch11_2.py
2  fruits1 = ['apple', 'orange', 'apple', 'banana', 'orange']
3  x = set(fruits1)                    # 将列转成集合
4  fruits2 = list(x)                   # 将集合转成列表
5  print("原先列表数据fruits1 = ", fruits1)
6  print("新的列表资料fruits2 = ", fruits2)
```

执行结果

```
========== RESTART: D:\Python Machine Learning Math\ch11\ch11_2.py ==========
原先列表数据fruits1 =  ['apple', 'orange', 'apple', 'banana', 'orange']
新的列表资料fruits2 =  ['banana', 'orange', 'apple']
```

11-2 集合的操作

Python 符号	说明	方法
&	交集	intersection( )
|	并集	union( )
-	差集	difference( )
^	对称差集	symmetric_difference( )

11-2-1 交集 (intersection)

有 A 和 B 两个集合，如果想获得相同的元素，则可以使用交集。例如：你举办了数学（可想成 A 集合）与物理（可想成 B 集合）2 个夏令营，如果想统计有哪些人同时参加这 2 个夏令营，可以使用此功能。

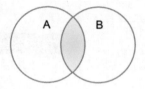

交集的数学符号是 ∩，若是以上图而言就是：A∩B。

Python 语言中的交集符号是 &，另外，也可以使用 intersection( ) 方法完成这个工作。

程序实例 ch11_3.py：有数学与物理 2 个夏令营，这个程序会列出同时参加这 2 个夏令营的成员。

```
1  # ch11_3.py
2  math = {'Kevin', 'Peter', 'Eric'}        # 设定参加数学夏令营成员
3  physics = {'Peter', 'Nelson', 'Tom'}     # 设定参加物理夏令营成员
4  both1 = math & physics
5  print("同时参加数学与物理夏令营的成员 ",both1)
6  both2 = math.intersection(physics)
7  print("同时参加数学与物理夏令营的成员 ",both2)
```

执行结果

```
========== RESTART: D:\Python Machine Learning
同时参加数学与物理夏令营的成员  {'Peter'}
同时参加数学与物理夏令营的成员  {'Peter'}
```

11-2-2 并集 (union)

有 A 和 B 两个集合，如果想获得所有的元素，则可以使用并集。例如：你举办了数学（可想成 A 集合）与物理（可想成 B 集合）2 个夏令营，如果想统计参加数学或物理夏令营的成员，可以使用此功能。

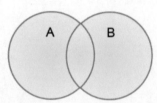

并集的数学符号是∪，若是以上图而言就是 **A∪B**。

Python 语言中的并集符号是 |，另外，也可以使用 union( ) 方法完成这个工作。

程序实例 ch11_4.py：有数学与物理 2 个夏令营，这个程序会列出参加数学或物理夏令营的成员。

```
1  # ch11_4.py
2  math = {'Kevin', 'Peter', 'Eric'}           # 设定参加数学夏令营成员
3  physics = {'Peter', 'Nelson', 'Tom'}        # 设定参加物理夏令营成员
4  allmember1 = math | physics
5  print("参加数学或物理夏令营的成员 ",allmember1)
6  allmember2 = math.union(physics)
7  print("参加数学或物理夏令营的成员 ",allmember2)
```

执行结果

```
========== RESTART: D:\Python Machine Learning Math\ch11\ch11_4.py ==========
参加数学或物理夏令营的成员 {'Peter', 'Nelson', 'Eric', 'Tom', 'Kevin'}
参加数学或物理夏令营的成员 {'Peter', 'Nelson', 'Eric', 'Tom', 'Kevin'}
```

11-2-3　差集 (difference)

有 A 和 B 两个集合，如果想获得属于 A 集合同时不属于 B 集合的元素，可以使用差集 (A-B)。如果想获得属于 B 集合同时不属于 A 集合的元素，可以使用差集 (B-A)。例如：你举办了数学（可想成 A 集合）与物理（可想成 B 集合）2 个夏令营，如果想了解参加数学夏令营但是没有参加物理夏令营的成员，可以使用此功能。

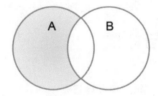

如果想统计参加物理夏令营但是没有参加数学夏令营的成员，也可以使用此功能。

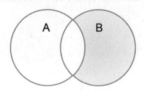

Python 语言中的差集符号是 -，另外，也可以使用 difference( ) 方法完成这个工作。

程序实例 ch11_5.py：有数学与物理 2 个夏令营，这个程序会列出参加数学夏令营同时没有参加物理夏令营的所有成员。另外也会列出参加物理夏令营同时没有参加数学夏令营的所有成员。

```
1  # ch11_5.py
2  math = {'Kevin', 'Peter', 'Eric'}           # 设定参加数学夏令营成员
3  physics = {'Peter', 'Nelson', 'Tom'}        # 设定参加物理夏令营成员
4  math_only1 = math - physics
5  print("参加数学夏令营同时没有参加物理夏令营的成员 ",math_only1)
6  math_only2 = math.difference(physics)
7  print("参加数学夏令营同时没有参加物理夏令营的成员 ",math_only2)
8  physics_only1 = physics - math
9  print("参加物理夏令营同时没有参加数学夏令营的成员 ",physics_only1)
10 physics_only2 = physics.difference(math)
11 print("参加物理夏令营同时没有参加数学夏令营的成员 ",physics_only2)
```

执行结果

```
========== RESTART: D:\Python Machine Learning Math\ch11\ch11_5.py ==========
参加数学夏令营同时没有参加物理夏令营的成员 {'Kevin', 'Eric'}
参加数学夏令营同时没有参加物理夏令营的成员 {'Kevin', 'Eric'}
参加物理夏令营同时没有参加数学夏令营的成员 {'Tom', 'Nelson'}
参加物理夏令营同时没有参加数学夏令营的成员 {'Tom', 'Nelson'}
```

11-2-4　对称差集 (symmetric difference)

有 A 和 B 两个集合，如果想获得属于 A 或是属于 B 集合，但是不同时属于 A 和 B 的元素，可以使用对称差集。例如：你举办了数学（可想成 A 集合）与物理（可想成 B 集合）2 个夏令营，如

果想统计参加数学夏令营或参加物理夏令营的成员，但是排除同时参加这 2 个夏令营的成员，则可以使用此功能。更简单的解释是统计只参加一个夏令营的成员。

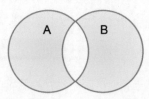

Python 语言中的对称差集符号是 ^，另外，也可以使用 symmetric_difference( ) 方法完成这个工作。

程序实例 ch11_6.py：有数学与物理 2 个夏令营，这个程序会列出没有同时参加 2 个夏令营的成员。

```
1  # ch11_6.py
2  math = {'Kevin', 'Peter', 'Eric'}        # 设定参加数学夏令营成员
3  physics = {'Peter', 'Nelson', 'Tom'}     # 设定参加物理夏令营成员
4  math_sydi_physics1 = math ^ physics
5  print("没有同时参加数学和物理夏令营的成员 ",math_sydi_physics1)
6  math_sydi_physics2 = math.symmetric_difference(physics)
7  print("没有同时参加数学和物理夏令营的成员 ",math_sydi_physics2)
```

执行结果

```
======== RESTART: D:\Python Machine Learning Math\ch11\ch11_6.py ==========
没有同时参加数学和物理夏令营的成员  {'Kevin', 'Tom', 'Eric', 'Nelson'}
没有同时参加数学和物理夏令营的成员  {'Kevin', 'Tom', 'Eric', 'Nelson'}
```

11-3 子集、超集与补集

集合 A 内容是 {1，2，3，4，5，6}，集合 B 内容是 {1，3，5}，图示说明如下：

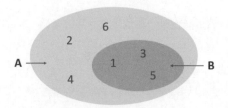

11-3-1 子集

集合 B 的所有元素皆在集合 A 内，我们称集合 B 是集合 A 的子集 (subset)，数学表示方法如下：

A ⊃ B 或是 **B ⊂ A**   # B 包含于 A，可以使用 A > B 语法

A ⊇ B 或是 **B ⊆ A**   # B 包含于或等于 A，可以使用 A >= B 语法

注 空集是任一个集合的子集，一个集合也是本身的子集。

```
>>> A = {1, 2, 3}
>>> B = set()
>>> B <= A
True
>>> A <= A
True
```

可以使用 <= 符号或是 issubset( ) 函数测试 B 是否是 A 的子集，如果是则回传 True，否则回传 False。

```
>>> A = {1, 2, 3, 4, 5, 6}
>>> B = {1, 3, 5}
>>> B <= A
True
>>> B.issubset(A)
True
```

11-3-2　超集

所有集合 B 的元素皆在集合 A 内，我们称集合 A 是集合 B 的超集 (superset)，相关概念可以参考上一小节：

可以使用 >= 符号或是 issuperset( ) 函数测试 A 是否是 B 的超集，如果是则回传 True，否则回传 False。

```
>>> A = {1, 2, 3, 4, 5, 6}
>>> B = {1, 3, 5}
>>> A >= B
True
>>> A.issuperset(B)
True
```

11-3-3　补集

若是以 11-3 节的图为实例，属于 A 集合但是不在 B 集合的元素称 B 在 A 中的补集。

Python 虽然没有提供补集的运算方式，但是可以使用 A－B 得到结果。

```
>>> A = {1, 2, 3, 4, 5, 6}
>>> B = {1, 3, 5}
>>> A - B
{2, 4, 6}
```

11-4　加入与删除集合元素

方法	说明	实例
add( )	增加元素	A.add('element')
remove( )	删除元素	A.remove('element')
pop( )	随机删除元素并回传	A.pop( )
clear( )	删除所有元素	A.clear( )

下列是增加元素的实例。

```
>>> A = {1, 2, 5}
>>> A.add(3)
>>> A
{1, 2, 3, 5}
```

下列是删除元素的实例。

```
>>> A = {1, 2, 3}
>>> A.remove(2)
>>> A
{1, 3}
```

下列是随机删除元素并回传的实例。

```
>>> A = {1, 2, 3}
>>> ret = A.pop()
>>> A
{2, 3}
>>> ret
1
```

下列是删除所有元素的实例。

```
>>> A = {1, 2, 3}
>>> A.clear()
>>> A
set()
```

11-5 幂集与 sympy 模块

所谓的幂集 (Power Set) 是指一个集合的所有子集合所构成的集合，例如：有一个集合是 {1, 2}，此集合的所有子集合如下：

```
set( )                    # 这是空集合
{1}
{2}
{1, 2}
```

所以集合 {1, 2} 的幂集如下：

```
{EmptySet( ), {1}, {2}, {1, 2}}
```

Python 本身没有提供有关幂集的方法，不过我们可以使用第 2 章所介绍的 sympy 模块，建立此幂集。

11-5-1 sympy 模块与集合

sympy 模块可以建立集合，使用前需要导入此模块与集合有关的方法：

```
from sympy import FiniteSet
```

FiniteSet( ) 方法可以建立集合，下列是建立集合 {1, 2, 3} 的实例。

```
>>> from sympy import FiniteSet
>>> A = FiniteSet(1, 2, 3)
>>> A
FiniteSet(1, 2, 3)
```

11-5-2　建立幂集

可以使用 powerset( ) 建立集合的幂集，请延续前一节实例执行下列操作。

```
>>> a = A.powerset()
>>> a
FiniteSet(FiniteSet(1), FiniteSet(1, 2), FiniteSet(1, 3), FiniteSet(1, 2, 3), FiniteSet(2), FiniteSet(2, 3), FiniteSet(3), EmptySet)
```

11-5-3　幂集的元素个数

一个集合如果有 n 个元素，此集合的幂集元素个数有 2^n 个，若是以 11-5-1 节的 A 集合为实例，A 集合有 3 个元素，所以此 A 集合的幂集有 $2^3=8$ 个元素，执行结果可以参考 11-5-2 节。

11-6　笛卡儿积

11-6-1　集合相乘

所谓的笛卡儿积 (Cartesian product) 是指从每个集合中提取一个元素组成的所有可能的集合，建立笛卡儿积可以使用乘法符号 *，此时所建的元素内容是元组 (tuple)。

程序实例 ch11_7.py：有 2 个集合，这 2 个集合皆有 2 个元素，请建立此笛卡儿积。

```
1  # ch11_7.py
2  from sympy import *
3  A = FiniteSet('a', 'b')
4  B = FiniteSet('c', 'd')
5  AB = A * B
6  for ab in AB:
7      print(type(ab), ab)
```

执行结果
```
========= RESTART: D:/Python
<class 'tuple'> (a, c)
<class 'tuple'> (b, c)
<class 'tuple'> (a, d)
<class 'tuple'> (b, d)
```

如果 A 集合有 m 个元素，B 集合有 n 个元素，所建立的笛卡儿积有 $m*n$ 个元素，可以参考下列实例。

程序实例 ch11_8.py：有 2 个集合，这 2 个集合分别有 5 个元素和 2 个元素，请建立此笛卡儿积，同时列出元素个数。

```
1  # ch11_8.py
2  from sympy import *
3  A = FiniteSet('a', 'b', 'c', 'd', 'e')
4  B = FiniteSet('f', 'g')
5  AB = A * B
6  print('The length of Cartesian product', len(AB))
7  for ab in AB:
8      print(ab)
```

执行结果
```
========= RESTART: D:/Python Machine
The length of Cartesian product 10
(a, f)
(b, f)
(a, g)
(c, f)
(b, g)
(d, f)
(c, g)
(e, f)
(d, g)
(e, g)
```

11-6-2 集合的 n 次方

假设 A 集合有 2 个元素，若要求三次方的笛卡儿积，所建立的元素个数是 2^3。n 次方则代表由 n 个元素组成的元组，此时所建立的元素个数是 2^n。

程序实例 ch11_9.py：建立三次方的笛卡儿积。

```
1  # ch11_9.py
2  from sympy import *
3  A = FiniteSet('a', 'b')
4  AAA = A**3
5  print('The length of Cartesian product', len(AAA))
6  for a in AAA:
7      print(a)
```

执行结果

```
========= RESTART: D:/Python Machine
The length of Cartesian product 8
(a, a, a)
(b, a, a)
(a, b, a)
(b, b, a)
(a, a, b)
(b, a, b)
(a, b, b)
(b, b, b)
```

第 1 2 章

机器学习必须懂的
排列与组合

12-1 排列的基本概念

12-1-1 实验与事件

在机器学习中，我们会使用同样的条件重复进行实验，然后观察与储存执行结果。例如：执行掷骰子实验，我们记录每次结果，掷骰子的行为就是实验 (experiment)，所记录掷出 6 的结果称事件 (event)，最后将事件的结果储存在集合内。

12-1-2 事件结果

将硬币往上抛，硬币落下后可以得到正面往上或是反面往上，如果只掷一枚硬币，正面或是反面出现的结果有 2 种。前面几节笔者讲解了集合概念，其实可以使用集合储存正与反的结果。

A = {'正'，'反'}

如果掷 2 枚硬币，可能有下列结果。

	正面	反面
正面	正，正	反，正
反面	正，反	反，反

所以可以产生下列集合：

{'正'，'正'}、{'正'，'反'}、{'反'，'正'}、{'反'，'反'}

上述 {'正'，'反'} 与 {'反'，'正'}，在集合概念中是相同：

```
>>> A = {'正', '反'}
>>> B = {'反', '正'}
>>> A == B
True
```

所以最后可以得到下列集合：

{'正'，'正'}、{'正'，'反'}、{'反'，'反'}

也就是将 2 枚硬币往上抛，有 3 种事件。

接下来考虑掷骰子的问题，如果掷 1 颗骰子，会有 6 种可能结果。如果掷 2 颗骰子有多少种结果？同样我们也可以用表格记录与储存。

	1	2	3	4	5	6
1	1, 1	1, 2	1, 3	1, 4	1, 5	1, 6
2	2, 1	2, 2	2, 3	2, 4	2, 5	2, 6
3	3, 1	3, 2	3, 3	3, 4	3, 5	3, 6
4	4, 1	4, 2	4, 3	4, 4	4, 5	4, 6
5	5, 1	5, 2	5, 3	5, 4	5, 5	5, 6
6	6, 1	6, 2	6, 3	6, 4	6, 5	6, 6

上述含 2 个元素的表格内容如果使用集合储存，可以看到蓝色的集合其内容有重复出现，例如：
{1，2} 与 {2，1} 是相同的，当计算有多少种结果时，请计算黑色元素的集合，可以发现存在下列规律：

1 + 2 + 3 + 4 + 5 + 6 = 21

再考虑掷 2 枚硬币，可以得到下列规律性：

1 + 2 = 3

其实由上述结果我们可以得到，假设有一对象有 n 个结果，如果同时做实验，可以有下列次数的可能结果：

1 + 2 + ⋯ n

12-2　有多少条回家路

下图是从学校回家的路线。

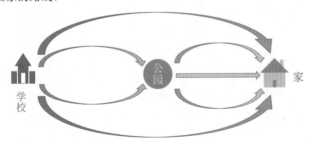

上述图例传达了下列信息：
（1）从学校到公园有 2 条路径。
（2）从公园回到家有 3 条路径。
（3）从学校不经过公园，直接回家有 2 条路径。
请计算最后有几条从学校回到家的路径。

❏ 乘法原则

假设有 2 个事件，其中事件 A 与 B 会先后发生。A 事件有 a 个结果，B 事件有 b 个结果，这时总共会有下列不同结果：

$a * b$

现在回到上面回家的路径地图，从学校到公园有 2 条路径，从公园回家有 3 条路径。如果将从学校到公园想成事件 A，则 $a = 2$，如果将从公园到家想成事件 B，则 $b = 3$，所以有下列不同结果：

$a * b = 2 * 3 = 6$

有 6 条从学校经公园回家的路。

❏ 加法原则

假设有 2 个事件，其中事件 A 与事件 B 只会发生一件，A 事件有 a 个结果，B 事件有 b 个结果，这时总共会有下列不同结果：

$a + b$

现在回到上面回家的路径地图，从学校经公园回家有 6 条路径。如果将从学校经公园回家想成事件 A，则 $a = 6$，如果将从学校直接回家想成事件 B，则 $b = 2$，所以最后有下列不同结果：

$a + b = 8$

有 8 条从学校回家的路。

12-3 排列组合

❏ 从数字看排列组合

如果将数字 1、2 排成两位数，每位上的数据不可以重复，有以下几种排列组合：

```
1 2
2 1
```

从上述可以得到有 2 种排列组合。

如果将数字 1、2、3 排成三位数，每位上的数据不可以重复，有以下几种排列组合：

```
1 2 3
1 3 2
2 1 3
2 3 1
3 1 2
3 2 1
```

从上述可以得到有 6 种排列组合。

如果将数字 1、2、3、4 排成三位数，每位上的数据不可以重复，有多少种排列组合？

其实我们也可以一步一步列出所有组合，但是现在笔者想换个方式处理这个问题。先考虑百位，因为有 4 个数字可以放百位，所以百位有 4 种可能。再考虑十位，因为百位已经用掉一个数字，所以只剩 3 种可能。最后考虑个位，因为百位与十位已经用掉两个数字，所以只剩 2 种可能，故最后有 4 * 3 * 2 = 24 种排列组合。

下列是有关这类问题的图示：

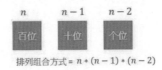

所以如果有 5 个数字，可以通过下列计算排列方式：

5 * 4 * 3 = 60 种排列组合。

❑ 建立公式

在数学的应用中可以使用下列公式：

nPr

P 的原意是 Permutation（排列），上述公式是指从 n 个数字中取 r 个数字列出排列结果。了解上述公式后，可以使用下列方式重新定义图示：

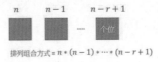

程序实例 ch12_1.py：列出 $_4P_3$ 的元素组合数量，以及所有结果。

```
1 # ch12_1.py
2 import itertools
3 n = {1, 2, 3, 4}
4 r = 3
5 A = set(itertools.permutations(n, 3))
6 print('元素数量 = {}'.format(len(A)))
7 for a in A:
8     print(a)
```

执行结果

```
========= RESTART:
元素数量 = 24
(1, 3, 2)
(4, 3, 2)
(3, 4, 1)
(1, 4, 2)
(2, 4, 1)
(3, 4, 2)
(2, 3, 1)
(1, 4, 3)
(4, 3, 1)
(2, 4, 3)
(3, 1, 4)
(3, 1, 2)
(3, 2, 1)
(2, 1, 4)
(1, 2, 3)
(1, 2, 4)
(4, 1, 2)
(2, 1, 3)
(3, 2, 4)
(4, 1, 3)
(4, 2, 1)
(1, 3, 4)
(2, 3, 4)
(4, 2, 3)
```

❑ 从非数字看排列组合

在科学实验中，所排列的数据可能是非数字，例如基因排列等，其概念与数字类似，下列使用英文小写字母，列出排列可能结果。

程序实例 ch12_2.py：假设基因是配对存在，现在有 a、b、c、d、e 五种基因，每 2 个不同基因可以配对，请问有几种组合？列出所有组合。

```
1  # ch12_2.py
2  import itertools
3  n = {'a', 'b', 'c', 'd', 'e'}
4  r = 2
5  A = set(itertools.permutations(n, 2))
6  print('基因配对组合数量 = {}'.format(len(A)))
7  for a in A:
8      print(a)
```

执行结果

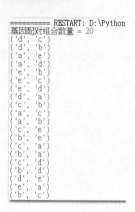

```
========== RESTART: D:\Python
基因配对组合数量 = 20
('d', 'c')
('d', 'b')
('a', 'e')
('a', 'd')
('e', 'b')
('e', 'c')
('e', 'd')
('d', 'a')
('c', 'b')
('a', 'c')
('a', 'b')
('c', 'e')
('b', 'e')
('c', 'a')
('b', 'a')
('c', 'd')
('b', 'd')
('d', 'e')
('e', 'a')
('b', 'c')
```

12-4　阶乘的概念

阶乘是由法国数学家克里斯蒂安·克兰普 (Christian Kramp，1760—1826) 所发表的，他学医出身但是却对数学很感兴趣，发表过许多数学文章。

❑ 数字概念

前一节笔者介绍了下列公式：

nPr

计算 n 个数字中取 r 个进行排列组合有多少种结果，可以得到下列公式：

$n * (n-1) * \cdots (n-r+1)$

由于 $n = r$，所以上述公式可以改写如下：

$n * (n-1) * \cdots 1$

假设 $n = 5$，可以得到下列结果：

$5 * 4 * 3 * 2 * 1$

其实上述将自然数从 1 到 n 每次加 1 的连乘，就是我们所称的**阶乘**。数学中又将上述阶乘，使用下列方式表达：

$n!$

例如：5*4*3*2*1 表达方式是 5!。

❑ **业务员拜访路径实务应用**

接下来笔者要说明著名的业务员拜访客户的行程问题。假设业务员要拜访客户，共有 5 个客户分别在 5 个城市，究竟有多少种拜访路径？首先业务员必须选择一个城市当作起点，此时有 5 种选择方式，假设选择 A 城市，参考下图。

第 2 步，选择第 2 个拜访城市，这时剩下 4 种选择机会，假设选择 B 城市。

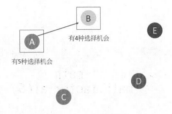

第 3 步，选择拜访第 3 个城市，这时会剩下 3 种选择机会，假设选择 C 城市。

第 4 步，选择拜访第 4 个城市，会剩下 2 种选择机会，假设选择 D 城市。

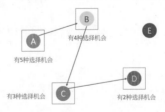

第 5 步，选择拜访第 5 个城市，会剩下 1 种选择机会，只能选择 E 城市。

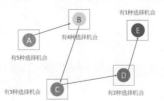

依上述概念可以使用下列公式计算可以选择的路径种数：

5 * 4 * 3 * 2 * 1 = 120

上述公式就是阶乘公式，可以使用下列方式表达：

5!

程序实例 ch12_3.py：使用 itertools 模块搭配 permutations( ) 方法，计算业务员拜访路径数，同时列出所有路径。

```
1 # ch12_3.py
2 import itertools
3 n = {'A', 'B', 'C', 'D', 'E'}
4 r = 5
5 A = set(itertools.permutations(n, 5))
6 print('业务员路径数 = {}'.format(len(A)))
7 for a in A:
8     print(a)
```

执行结果

因为路径有 120 条，笔者此处只列出部分路径。

```
============ RESTART: D:\Python Machine
业务员路径数 = 120
('C', 'B', 'D', 'A', 'E')
('C', 'B', 'A', 'E', 'D')
('A', 'B', 'D', 'E', 'C')
('A', 'B', 'E', 'D', 'C')
```

其实也可以使用第 2 章 math 模块的 factorial( )，执行阶乘运算。

```
>>> import math
>>> math.factorial(5)
120
```

❑ 可怕的阶乘数字

假设有 30 个城市要拜访，请问有多少种拜访路径？可以使用下列方式得到答案。

```
>>> math.factorial(30)
265252859812191058636308480000000
```

实例 ch12_4.py：计算拜访 30 个城市的路径，假设超级计算机每秒可以处理 10 兆个路径，请计算需要多少年可以得到所有路径。

```
1 # ch12_4.py
2 import math
3
4 N = 30
5 times = 10000000000000          # 计算机每秒可处理数列数目
6 day_secs = 60 * 60 * 24         # 一天秒数
7 year_secs = 365 * day_secs      # 一年秒数
8 combinations = math.factorial(N)  # 组合方式
9 years = combinations / (times * year_secs)
10 print("需要 %d 年才可以获得结果" % years)
```

执行结果

```
============ RESTART: D:\Python Machine
需要 841111300774 年才可以获得结果
```

超级计算机处理区区 30 个城市的拜访路径，就需要 8411 亿年。

12-5 重复排列

现在笔者讲解排列的另一个方法，假设有数字 1、2、3、4、5，如果要排出两位数，这次数字可以重复使用，例如：可以有 11、22、55。由于每个数位上都有 5 种可能，所以最后有 25 种排列方式。

假设有数字 1、2、3、4、5，如果要排出三位数，这次数字可以重复使用，由于每个数位上都可以有 5 种可能，所以总共可以有 125 种排列方式。类似上述计算排列方式的公式如下：

$$n\Pi r = n^r$$

上述 n 是数字数量，r 则是数列个数，上述案例中，n = 5，r = 3，所以结果是 125。

程序实例 ch12_5.py：将 1、2、3、4、5 排出三位数，数字可以重复使用，请列出可以有多少种排法，同时输出结果。

```
1  # ch12_5.py
2  import itertools
3  n = {1, 2, 3, 4, 5}
4  A = set(itertools.product(n, n, n))
5  print('排列组合 = {}'.format(len(A)))
6  for a in A:
7      print(a)
```

执行结果

```
============ RESTART: D:\Python
排列组合 = 125
(4, 2, 2)
(1, 4, 4)
(2, 2, 4)
```

12-6　组合

组合的英文是 combination，假设从 1、2、3、4、5 中选出 3 个数字，请问有多少种选择方式？这个问题不考虑排列方式，我们称之为组合。组合的基本公式如下：

nCr

也可以用下列方式表达：

C_r^n 或是 $\binom{n}{r}$

上述 n 是数列个数，r 是所选取的数字个数，参考第一段叙述，可以用下列方式表达此组合：

$_5C_3$

至于有多少种组合，可以使用下列公式：

$$nCr = \frac{nPr}{r!}$$

上述 *n*Pr 表示从 *n* 个数列中选出 *r* 个的排列方式，上述 *r*! 表示 *r* 个数字的排列方式有几种，放在分母主要是去除同样元素不同的排列方式，相当于取出 1、2、3 时，下列只能算一种组合。

　1, 2, 3　　1, 3, 2　　2, 3, 1　　2, 1, 3　　3, 1, 2　　3, 2, 1

依照先前概念：

$$_5P_3 = 5 * 4 * 3 = 60$$

上述等于60种，但是必须除以3!，由于 3! = 3 * 2 * 1 = 6，60 / 6 = 10，所以最后得到有 10 种组合。

程序实例 ch12_6.py：使用程序验证上述结果。

```
1  # ch12_6.py
2  import itertools
3  n = {1, 2, 3, 4, 5}
4  A = set(itertools.combinations(n, 3))
5  print('组合 = {}'.format(len(A)))
6  for a in A:
7      print(a)
```

执行结果

```
=========== RESTART:
组合 = 10
(2, 3, 5)
(1, 2, 3)
(1, 3, 5)
(1, 4, 5)
(1, 2, 4)
(1, 3, 4)
(3, 4, 5)
(2, 3, 4)
(1, 2, 5)
```

程序实例 ch12_7.py：计算掷 2 颗骰子，当 2 颗骰子的数字不同时有多少种组合。

```
1  # ch12_7.py
2  import itertools
3  n = {1, 2, 3, 4, 5, 6}
4  A = set(itertools.combinations(n, 2))
5  print('组合 = {}'.format(len(A)))
6  for a in A:
7      print(a)
```

执行结果

```
=========== RESTART:
组合 = 15
(1, 2)
(1, 3)
(2, 6)
(4, 6)
(4, 5)
(5, 6)
(1, 4)
(1, 5)
(1, 6)
(2, 3)
(3, 6)
(2, 5)
(3, 4)
(2, 4)
(3, 5)
```

第 1 3 章

机器学习需要认识的概率

在机器学习中会大量使用过去的数据，通过重复学习，同时使用概率概念从这些数据中找出特征，本章将说明概率。

13-1 概率基本概念

在生活中掷骰子、抛硬币或是从一副扑克牌中抽一张牌，皆算是讲解概率的实例。例如：一个骰子有 6 面，点数分别是 1、2、3、4、5、6，掷骰子后，可以获得 1 ~ 6 其中一个数字，这时我们可以将所有可能结果称样本空间 (sample space)。如果想要计算掷骰子后可以得到特定结果 1、2、3、4、5、6 的任一个可能性，称作概率 (probability)。

$$P(E) = \frac{\text{特定事件集合}\, n(E)}{\text{样本空间}\, n(S)}$$

注 样本空间有时候也用字母 Ω 表示。

❏ 掷骰子

如果以掷骰子为例：

样本空间 S = {1, 2, 3, 4, 5, 6}，$n(S)$ = 6
产生数字 5 的集合 E = {5}，$n(E)$ = 1

$$P(E) = \frac{n(E)}{n(S)} = \frac{1}{6}$$

❏ 抛硬币

如果以抛硬币为例，假设正面是 1，反面是 0：

样本空间 S = {0, 1}，$n(S)$ = 2
产生 1（正面）的集合是 E = {1}，$n(E)$ = 1

$$P(E) = \frac{n(E)}{n(S)} = \frac{1}{2}$$

❏ 男孩与女孩

生男孩与生女孩的概率一样，假设某家庭有 2 位小孩，已知其中一位是女孩，请问另一位是女孩的概率是多少？

样本空间 S = {（男孩，男孩），（男孩，女孩），（女孩，男孩），（女孩，女孩）}

依据样本空间定义，当一位是女孩后，现在有下列可能：

（男孩，女孩），（女孩，男孩），（女孩，女孩）

另一位小孩是女孩的概率是：

$$P(E) = \frac{n(E)}{n(S)} = \frac{1}{3}$$

有关概率读者须留意：

（1）以掷骰子而言，不是每掷 6 次一定会出现 1 次 5（或其他特定数字），这只是概率。

（2）将掷骰子所有可能结果事件的概率加总，结果一定是 1。

（3）概率的范围如下所示：

$$0 \leqslant P \leqslant 1$$

上述如果 $P = 0$，表示事件不存在或不可能发生，如果 $P = 1$，表示事件一定会发生。

程序实例 ch13_1.py：使用随机数函数 randint(min, max)，min = 1, max = 6，然后执行 10000 次，最后列出产生 5 的次数与概率。

```
1  # ch13_1.py
2  import random              # 导入模块random
3
4  min = 1
5  max = 6
6  target = 5
7  n = 10000
8  counter = 0
9  for i in range(n):
10     if target == random.randint(min, max):
11         counter += 1
12 print('经过 {} 次，得到 {} 次 {}'.format(n, counter, target))
13 P = counter / n
14 print('概率 P = {}'.format(P))
```

执行结果

```
========== RESTART: D:\Python Machine Learning Math\ch13\ch13_1.py ==========
经过 10000 次，得到 1714 次 5
概率 P = 0.1714
>>>
========== RESTART: D:\Python Machine Learning Math\ch13\ch13_1.py ==========
经过 10000 次，得到 1641 次 5
概率 P = 0.1641
>>>
========== RESTART: D:\Python Machine Learning Math\ch13\ch13_1.py ==========
经过 10000 次，得到 1674 次 5
概率 P = 0.1674
```

程序实例 ch13_2.py：使用随机数产生 10000 次 1、2、3、4、5、6 的随机数，最后将结果建立直方图，同时列出每个点数的产生次数。

```
1  # ch13_2.py
2  import matplotlib.pyplot as plt
3  from random import randint
4
5  min = 1
6  max = 6                            # 骰子有几面
7  times = 10000                      # 掷骰子次数
8
```

```
 9  dice = [0] * 7                          # 建立掷骰子的列表
10  for i in range(times):
11      data = randint(min, max)
12      dice[data] += 1
13
14  del dice[0]                              # 删除索引0数据
15
16  for i, c in enumerate(dice, 1):
17      print('{} = {} 次'.format(i, c))
18
19  x = [i for i in range(1, max+1)]         # 直方图x轴坐标
20  width = 0.35                             # 直方图宽度
21  plt.bar(x, dice, width, color='g')       # 绘制直方图
22  plt.ylabel('Frequency')
23  plt.title('Test 10000 times')
24  plt.show()
```

执行结果

```
========= RESTART: D:/Python Machine Learning Math/ch13/ch13_2.py =========
1 = 1674 次
2 = 1676 次
3 = 1642 次
4 = 1725 次
5 = 1646 次
6 = 1637 次
```

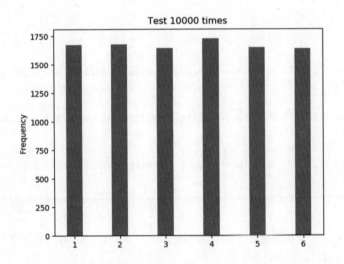

13-2 数学概率与统计概率

对于掷骰子，每个点数产生的概率相同，这个事件产生的概率，我们称之为数学概率。

看美国职业棒球大联盟的转播时，每到关键时刻，防守队换投手或是攻击方换击球员时，转播单位就会显示现在击球员与投手过去对战的打击率分析，这也是统计概率的实例。

我们可以将统计概率使用下列公式表达：

$$P(E) = \frac{\text{过去事件的安打记录}(E)}{\text{过去对战次数}(S)}$$

13-3 事件概率名称

❏ 事件

在样本中每个子集合，称事件。

❏ 必然事件

在概率事件中一定会发生的事件称必然事件，也就是所发生的事件一定在样本空间内。

$P(\Omega) = 1$ # 所有在样本空间内的事件，事件发生概率是 1

例如：掷骰子的样本空间是 {1，2，3，4，5，6}，所掷的骰子点数一定是在 1 ~ 6，所以这就是必然事件。

❏ 不可能事件

在概率事件中一定不会发生的事件称不可能事件，也就是不可能发生在样本空间内的事件。不可能事件可以用∅表示，所以可以得到下列结果。

$P(\emptyset) = 0$ # 所有不在样本空间内的事件，事件发生概率是 0

例如：掷骰子的样本空间是 {1，2，3，4，5，6}，所掷的骰子一定不会是 0，所以这就是不可能事件。

❏ 余事件

在掷骰子事件中，出现 5 的概率是 $\frac{1}{6}$，所谓余事件就是出现非 5 的其他事件，此时可以得到出现非 5 的概率是 $\frac{5}{6}$。

❏ 互斥事件

如果事件 A 与事件 B 产生下列情况，称 A 与 B 为互斥事件。

$$A \cap B = \emptyset$$

13-4 事件概率规则

13-4-1 不发生概率

其实这和余事件概念相同，假设事件 A 的发生概率是 $P(A)$，则事件 A 的不发生概率是：

$$P(\bar{A}) = 1 - P(A)$$

13-4-2　概率相加

两个事件不会同时发生，或者说这两件事是独立事件，如果要计算出现这两个事件的概率就可以使用概率相加规则。有时候，又可将概率相加称为和事件。

$$P = P(A) + P(B)$$

例如：掷骰子时，如果要计算产生偶数 {2，4，6} 的概率，可以使用下列公式：

$$P = P(2) + P(4) + P(6) = \frac{1}{6} + \frac{1}{6} + \frac{1}{6} = \frac{3}{6} = \frac{1}{2}$$

13-4-3　概率相乘

假设连续掷出骰子 10 次后，所得到的点数都是 5，请问再一次掷骰子时，出现 5 的概率是不是比较低？其实出现 5 的概率与其他数字一样是 $\frac{1}{6}$。

换一种问法，掷骰子时，连续出现 5 的概率是多少？由于掷第 1 次骰子出现 5 的概率是 $\frac{1}{6}$，掷第 2 次时，所出现的点数不会受到前一次骰子的点数干扰，所以掷第 2 次骰子出现 5 的概率也是 $\frac{1}{6}$。

这时我们使用概率乘法就可以算出连续 2 次出现 5 的概率，可以参考下列公式：

$$P = \frac{1}{6} * \frac{1}{6} = \frac{1}{36}$$

13-4-4　常见的陷阱

在 13-3-3 节，连续掷 2 次骰子是互相独立的事件，假设第 1 次是事件 A，第 2 次是事件 B，我们可以用下列公式代表，如果要计算连续出现 5 的概率，计算方式如下：

$$P(A \cap B) = P(A) * P(B) = \frac{1}{6} * \frac{1}{6} = \frac{1}{36}$$

当我们掷骰子时，假设出现小于 3 的事件 {1，2} 是事件 A，出现偶数的事件 {2，4，6} 是事件 B。注意：A 与 B 不是独立事件，所以下列公式代表不同意义：

$$P(A \cap B) = P(\{1,2\} \cap \{2,4,6\}) = P(\{2\}) = \frac{1}{6}$$

13-5　抽奖的概率：加法与乘法综合应用

公司要举办员工欧洲旅游抽奖，有 7 支签，其中 2 支签是公司补助全额旅费，假设有 2 位员工有资格抽签，请问第 1 位和第 2 位员工哪一位有比较高的概率抽中公司补助的全额旅费？下图是此抽签的解析：

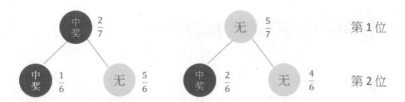

对第 1 位员工而言，毫无疑问中奖概率是 $\frac{2}{7}$。

对第 2 位员工而言，思考如下：

如果第 1 位员工中奖，第 2 位员工也中奖，概率计算方式是使用概率相乘：

$$\frac{2}{7} * \frac{1}{6} = \frac{2}{42}$$

如果第 1 位员工没中奖，第 2 位员工中奖，概率计算方式也是使用概率相乘：

$$\frac{5}{7} * \frac{2}{6} = \frac{10}{42}$$

由于上述事件不会同时发生，所以执行加法运算：

$$\frac{2}{42} + \frac{10}{42} = \frac{12}{42} = \frac{2}{7}$$

从上述运算，我们得到第 1 位员工和第 2 位员工中奖的概率相同。

Python 内有 fractions 模块，此模块的 Faction( ) 方法可以执行分数的运算，下列是计算 $\frac{2}{7}$ 的方法与结果。

```
>>> from fractions import Fraction
>>> x = Fraction(2, 7)
>>> x
Fraction(2, 7)
```

上述 Fraction( ) 分数，如果要转成实数，可以使用 float( ) 函数，可以参考 ch13_4.py。

程序实例 ch13_3.py：计算第 2 位员工的中奖概率。

```
1  # ch13_3.py
2  from fractions import Fraction
3
4  x = Fraction(2, 7) * Fraction(1, 6)
5  y = Fraction(5, 7) * Fraction(2, 6)
6  p = x + y
7  print('第 1 位抽签的中奖概率 {}'.format(Fraction(2, 7)))
8  print('第 2 位抽签的中奖概率 {}'.format(p))
```

执行结果

```
========== RESTART: D:\Python Machine Learning Math\ch13\ch13_3.py ==========
第 1 位抽签的中奖概率 2/7
第 2 位抽签的中奖概率 2/7
```

13-6　余事件与乘法的综合应用

连掷 3 次骰子，请问至少出现一次点数 5 的概率是多少？其实这个问题可以用下列方式思考：

（1）掷骰子不出现 5 的概率是 $\dfrac{5}{6}$。

（2）连掷 3 次骰子不出现 5 的概率是 $\dfrac{5}{6} * \dfrac{5}{6} * \dfrac{5}{6} = \dfrac{125}{216} = 0.5787$。

（3）连掷 3 次至少出现 1 次 5 的概率计算方式是采用余事件，概念如下：

P（至少出现 1 次 5 的概率）$= 1 - P$（不出现 5 的概率）

$P = 1 - 0.5787 = 0.4213$

所以可以得到连掷 3 次骰子，至少出现一次点数 5 的概率是 0.4213。

程序实例 ch13_4.py：计算连掷 3 次骰子，至少出现一次点数 5 的概率。

```
1  # ch13_4.py
2  from fractions import Fraction
3
4  x = Fraction(5, 6)
5  p = 1 - (x**3)
6  print('连掷骰子不出现 5 的概率 {}'.format(p))
7  print('连掷骰子不出现 5 的概率 {}'.format(float(p)))
```

执行结果

```
========== RESTART: D:\Python Machine Learning Math\ch13\ch13_4.py ==========
连掷骰子不出现 5 的概率 91/216
连掷骰子不出现 5 的概率 0.4212962962962963
```

13-7　条件概率

13-7-1　基础概念

所谓的条件概率是在已知情境下，其中的特定事件出现的概率。

现在笔者使用一个简单的实例解说，假设我们掷了六面骰子，相当于样本空间是 {1, 2, 3, 4, 5, 6}，如果已知骰子的数字为奇数，则此时出现 5 的概率则可以通过以下方式思考：

（1）已知骰子数字为奇数，则可能出现的数字为 1、3、5。

（2）上述三个数字出现的概率相同，所以出现 5 的概率为 1/3。

若以数学的方式列出上述的思考,可以通过以下方式表达:

(1) 列出特定的骰子数字概率:

出现 1	出现 2	出现 3	出现 4	出现 5	出现 6
1/6	1/6	1/6	1/6	1/6	1/6

(2) 已知骰子数字为奇数,则剩下以下的可能性:

出现 1	出现 2	出现 3	出现 4	出现 5	出现 6
1/6	~~1/6~~	1/6	~~1/6~~	1/6	~~1/6~~

(3) 有了上述表格,进一步列出已知为奇数后,下列是出现 5 的概率:

$$\frac{P(\text{出现 5})}{P(\text{出现 1})+P(\text{出现 3})+P(\text{出现 5})} = \frac{\frac{1}{6}}{\frac{1}{6}+\frac{1}{6}+\frac{1}{6}} = \frac{1}{3}$$

更广泛情境下的条件概率,用以下表达式表达:

$$P(\text{已知}B\text{事件下,}A\text{事件出现的概率}) = \frac{P(A\text{事件与}B\text{事件同时出现的概率})}{P(B\text{事件发生的概率})}$$

同理,当我们已知 A 事件发生时,在此条件下 B 事件发生的概率可定义如下:

$$P(\text{已知}A\text{事件下,}B\text{事件出现的概率}) = \frac{P(A\text{事件与}B\text{事件同时出现的概率})}{P(A\text{事件发生的概率})}$$

若将上述的骰子题目套用其中,A 事件为出现奇数,B 事件为出现 5,可得到以下结果:

$$P(\text{已知出现奇数,数字5出现的概率}) = \frac{P(\text{出现奇数且同时出现5})}{P(\text{奇数出现的概率})} = \frac{\frac{1}{6}}{\frac{1}{2}} = \frac{1}{3}$$

已出现奇数,可能为 1、3、5,故概率为 1/3。

$$P(\text{已知出现5,奇数出现的概率}) = \frac{P(\text{出现奇数且同时出现5})}{P(\text{数字5出现的概率})} = \frac{\frac{1}{6}}{\frac{1}{6}} = 1$$

已出现 5,5 为奇数,故概率为 1。

以数学符号表示上述文字列出如下:

$P(A\text{ 事件发生的概率}) = P(A)$

$P(B\text{ 事件发生的概率}) = P(B)$

$$P(A\text{事件与}B\text{事件同时出现的概率}) = P(A \cap B)$$
$$P(\text{已知}A\text{事件下,}B\text{事件出现的概率}) = P(B|A)$$
$$P(\text{已知}B\text{事件下,}A\text{事件出现的概率}) = P(A|B)$$

将这几项套用到上述的算式当中表达如下:

$$P(\text{已知}B\text{事件下，}A\text{事件出现的概率}) = \frac{P(A\text{事件与}B\text{事件同时出现的概率})}{P(B\text{事件发生的概率})}$$

$$P(A|B) = \frac{P(A \cap B)}{P(B)}$$

$$P(\text{已知}A\text{事件下，}B\text{事件出现的概率}) = \frac{P(A\text{事件与}B\text{事件同时出现的概率})}{P(A\text{事件发生的概率})}$$

$$P(B|A) = \frac{P(A \cap B)}{P(A)}$$

13-7-2 再谈实例

当掷一颗六面骰子，样本空间是 {1, 2, 3, 4, 5, 6}，假设情况如下：

A = {5, 6}   # 点数大于 4 的事件
B = {1, 3, 5}   # 点数是奇数的事件

请计算 $P(A|B)$ 和 $P(B|A)$，所谓的 $P(A|B)$ 就是在发生骰子点数是奇数时，出现点数大于 4 的概率；所谓的 $P(B|A)$ 就是骰子点数大于 4 时，出现奇数的概率。

$$P(A|B) = \frac{P(A \cap B)}{P(B)} = \frac{P(5)}{P(B)} = \frac{\frac{1}{6}}{\frac{3}{6}} = \frac{1}{3}$$

$$P(B|A) = \frac{P(B \cap A)}{P(A)} = \frac{P(5)}{P(A)} = \frac{\frac{1}{6}}{\frac{2}{6}} = \frac{1}{2}$$

13-8 贝叶斯定理

13-8-1 基本概念

在条件概率的应用中有一个重要的定理称贝叶斯定理（Bayes' theorem），这是描述在已知条件下，某一事件发生的概率。基本概念是已知事件 A 的条件下发生事件 B 的概率，与已知事件 B 的条件下发生事件 A 的概率不一样，但是两者有关联，贝叶斯定理就是描述这个关系。笔者再列出一次下列公式：

$$P(A|B) = \frac{P(A \cap B)}{P(B)}$$
$$P(B|A) = \frac{P(A \cap B)}{P(A)}$$

可得如下公式：

$$P(A|B)P(B) = P(A \cap B) = P(B|A)P(A)$$

简化上述公式：

$$P(A|B)P(B) = P(B|A)P(A)$$

最后再稍微整理一下，可得到以下算式：

$$P(A|B) = \frac{P(B|A)P(A)}{P(B)}$$

13-8-2　用实例验证贝叶斯定理

下列是 13-7-2 实例的计算结果：

$$P(A|B) = \frac{P(A \cap B)}{P(B)} = \frac{P(5)}{P(B)} = \frac{\frac{1}{6}}{\frac{3}{6}} = \frac{1}{3}$$

$$P(B|A) = \frac{P(B \cap A)}{P(A)} = \frac{P(5)}{P(A)} = \frac{\frac{1}{6}}{\frac{2}{6}} = \frac{1}{2}$$

表面上贝叶斯定理与先前条件概率公式有所差异，实质是相同的，下列是验证使用贝叶斯定理可以获得相同结果：

$$P(A|B) = \frac{P(B|A)P(A)}{P(B)} = \frac{\frac{1}{2} * \frac{2}{6}}{\frac{3}{6}} = \frac{1}{3}$$

$$P(B|A) = \frac{P(A|B)P(B)}{P(A)} = \frac{\frac{1}{3} * \frac{3}{6}}{\frac{2}{6}} = \frac{1}{2}$$

读者可能认为，条件概率公式简单，为何还要使用贝叶斯定理？主要是由于贝叶斯定理可探讨两事件的条件概率之间的关系，在解答其他较为复杂无法直观判断出两事件的并集时，可以有帮助。

13-8-3　贝叶斯定理的运用：COVID-19 的全民普筛准确性预估

对 2020 年爆发的 COVID-19 是否要进行全民普筛，一直是网站上的热门话题，普筛方式又分为快筛（准确度约 99%）和 PCR 核酸检测（准确度约 99.99%，成本约为快筛的 15 倍），接下来就以贝叶斯定理来探讨若实施全民普筛，会有什么样的现象。

今天假设一地有 0.01% 的确诊者并且此地做了全民快筛检测。

依贝叶斯定理来计算，当一个人检测结果为阳性时，他确诊的概率的计算过程如下：

$$P(A|B) = \frac{P(B|A)P(A)}{P(B)}$$

令 A = 此人为确诊者；B = 检测阳性，贝叶斯定理可重写成：

$$P(检测结果为阳性时，此人为确诊者的概率)$$
$$= \frac{P(.\ 此人为确诊者时，检测结果为阳性的概率)P(此人为确诊者)}{P(检测结果为阳性)}$$

等号右边的各个项目都是已知项，分别列出如下：

$P($ 此人为确诊者时，检测结果为阳性的概率 $)$ = 快筛准确度 =0.99

$P($ 此人为确诊者 $)$ = 确诊者比例 =0.0001

$P($ 检测结果为阳性 $)$ = $P($ 确诊者检验为阳性 $)$ + $P($ 非确诊者检验为阳性 $)$
=0.0001*0.99+0.9999*0.01=0.010098

将数字套上去得到以下结果：

$$P(检测结果为阳性时，此人为确诊者的概率) = \frac{0.99 * 0.0001}{0.010098} = 0.0098$$

快筛的准确性达 99%，但由贝叶斯定理可以算出当检测为阳性时，只有 0.98% 的比例为真正的确诊者，这是因为确诊者的比例极低，会有大量的人被误检为阳性。

那如果不考虑成本进行全民 PCR 核酸检测呢？贝叶斯定理算出的结果如下：

$$P(PCR检测结果为阳性时，此人为确诊者的概率) = \frac{0.9999 * 0.0001}{0.0001 * 0.9999 + 0.9999 * 0.0001} = \frac{1}{2}$$

贝叶斯定理算出了进行 PCR 检测时，检验为阳性的结果中仍只有 50% 是真正的确诊者。

13-8-4　使用贝叶斯定理筛选垃圾电子邮件

贝叶斯定理也可通过查询特定关键词出现次数来过滤垃圾邮件，写成如下算式：

$$P(垃圾邮件|邮件含有某关键词) = \frac{P(邮件含有某关键词|垃圾邮件)P(垃圾邮件)}{P(邮件含有某关键词)}$$

若此数值大于一定比例（例如 95%），则收信时可设定将含有此关键词的邮件归类为垃圾邮件。

13-9　蒙地卡罗模拟

我们可以使用蒙地卡罗模拟计算 Pi 值，首先绘制一个外接正方形的圆，圆的半径是 1。

由右图可以知道矩形面积是 4，圆面积是 Pi。

如果我们现在要产生 1000000 个落在方形内的点，可以由下列公式计算点落在圆内的概率：

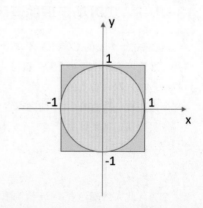

圆面积 / 矩形面积 = Pi / 4

落在圆内的点个数 (Hits) = 1000000 * Pi / 4

如果落在圆内的点个数用 Hits 代替，则可以使用下列方式计算 Pi：

Pi = 4 * Hits / 1000000

程序实例 ch13_5.py：用蒙地卡罗模拟随机数计算 Pi 值，这个程序会产生 100 万个随机点。

```
1  # ch13_15.py
2  import random
3
4  trials = 1000000
5  Hits = 0
6  for i in range(trials):
7      x = random.random() * 2 - 1       # x轴坐标
8      y = random.random() * 2 - 1       # y轴坐标
9      if x * x + y * y <= 1:            # 判断是否在圆内
10         Hits += 1
11 PI = 4 * Hits / trials
12
13 print("Pi = ", Pi)
```

执行结果

```
=========== RESTART: D:/Python
Pi = 3.14136
```

程序实例 ch13_6.py：使用 matplotlib 模块将上一题扩充，如果点落在圆内绘黄色点，如果落在圆外绘绿色点，这题笔者直接使用 randint( ) 方法产生随机数，同时将所绘制的图落在 $x = 0 \sim 100$，$y = 0 \sim 100$ 的范围内。由于绘图会需要比较多时间，所以这一题测试 5000 次。

```
1  # ch13_6.py
2  import random
3  import math
4  import matplotlib.pyplot as plt
5
6  trials = 5000
7  Hits = 0
8  radius = 50
9  for i in range(trials):
10     x = random.randint(1, 100)                  # x轴坐标
11     y = random.randint(1, 100)                  # y轴坐标
12     if math.sqrt((x-50)**2 + (y-50)**2) < radius:   # 在圆内
13         plt.scatter(x, y, marker='.', c='y')
14         Hits += 1
15     else:
16         plt.scatter(x, y, marker='.', c='g')
17 plt.axis('equal')
18 plt.show()
```

执行结果

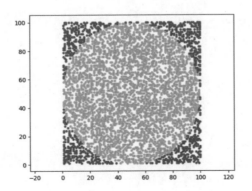

131

第 14 章

二项式定理

14-1　二项式的定义

在数学概念中两个变量的相加，例如：$x + y$，就是二项式，也称作 x 和 y 的二项式。二项式定理 (binomial theorem) 主要是讲解二项式整数次幂（或称次方）的代数展开，例如：

$$(x + y)^n$$

上述是二项式 $(x + y)$ 的 n 次方。

14-2　二项式的几何意义

中学数学中其实我们应该学过 $(x + y)^n$ 的运算，当 $n=2$ 时，其实就是 $(x + y)$ 乘以 $(x + y)$，如下：

$$(x + y) * (x + y) = x^2 + 2xy + y^2$$

如果 x 和 y 是边长，在几何上可以将 $(x + y)^2$ 看作 1 个边长为 x 的正方形、1 个边长为 y 的正方形和 2 个边长为 x 和 y 的长方形的面积之和。下列是 $n = 1 \sim 4$ 的几何意义图形。

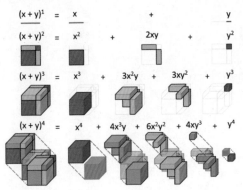

14-3　二项式展开与规律性分析

下列是将 $(x+y)^n$ 展开至 $n = 5$ 的结果。

$$(x + y)^1 = x + y$$
$$(x + y)^2 = x^2 + 2xy + y^2$$
$$(x + y)^3 = x^3 + 3x^2y + 3xy^2 + y^3$$
$$(x + y)^4 = x^4 + 4x^3y + 6x^2y^2 + 4xy^3 + y^4$$
$$(x + y)^5 = x^5 + 5x^4y + 10x^3y^2 + 10x^2y^3 + 5xy^4 + y^5$$

从以上可以发现下列规律：

（1）x 和 y 的最高次幂的系数皆是 1，例如：x^n 和 y^n 的系数皆是 1。

（2）x 和 y 的次高次幂的系数皆是 n，例如：$nx^{n-1}y$ 和 nxy^{n-1} 的系数皆是 n。

（3）各项 $x^{n-k}y^k$ 的指数和为 $n = n-k+k$。

（4）各系数左右对称，由左右两边往中间变大。

其实二项式展开后，系数有如下列 Pascal 三角形：

$$
\begin{array}{c}
1 \\
1 \quad 1 \\
1 \quad 2 \quad 1 \\
1 \quad 3 \quad 3 \quad 1 \\
1 \quad 4 \quad 6 \quad 4 \quad 1 \\
1 \quad 5 \quad 10 \quad 10 \quad 5 \quad 1 \\
1 \quad 6 \quad 15 \quad 20 \quad 15 \quad 6 \quad 1 \\
1 \quad 7 \quad 21 \quad 35 \quad 35 \quad 21 \quad 7 \quad 1 \\
1 \quad 8 \quad 28 \quad 56 \quad 70 \quad 56 \quad 28 \quad 8 \quad 1
\end{array}
$$

除了边缘外，每一个数字皆是上方两个数字的和。

布莱兹·帕斯卡 (Blaise Pascal，1623—1662) 是法国数学家，他在 1653 年使用上述三角形描述了二项式的系数，每一个数字皆是上方两个数字的和。

14-4 找出 $x^{n-k}y^k$ 项的系数

14-4-1 基础概念

14-3 节笔者有介绍最高次幂与次高次幂的系数，此外也以 Pascal 三角形讲解各项系数关系，这一节将使用实例验证与解说 $x^{n-k}y^k$ 的系数原理。

笔者在这里推导为何 $(x+y)^4$ 中的 x^2y^2 项的系数是 6。公式 $(x+y)^4$ 其实是 $(x+y)$ 连续相乘 4 次，概念如下：

$(x+y) * (x+y) * (x+y) * (x+y)$

x^2y^2 项的系数是从 4 个不同的小括号中拿出 2 个 x 和 2 个 y 彼此相乘的结果，如果仔细分析，可以有下列 6 种相乘的方法。

$x * x * y * y$

$x * y * x * y$

$x * y * y * x$

$y * x * y * x$

$y * x * x * y$

$y * y * x * x$

由于总共有 6 种相乘的方法，所以 x^2y^2 项的系数是 6。上述方法虽然可用，但是遇到更多次幂的二项式，使用相同方式展开，整个步骤太过复杂，这时可以使用笔者在 12-6 节所叙述的组合 (combination) 数学概念。

14-4-2　组合数学概念

我们可以将 x^2y^2 想成下列运算：

（1）从 4 个 $(x+y)$ 相乘中取 1 个 x，这时有 4 个选择机会。

（2）从剩余的 3 个 $(x+y)$ 相乘中取 1 个 x，这时有 3 个选择机会。

（3）从剩余的 2 个 $(x+y)$ 相乘中取 1 个 y，这时有 2 个选择机会。

（4）从剩余的 1 个 $(x+y)$ 相乘中取 1 个 y，这时有 1 个选择机会。

对于上述机会，表面上看有下列选择机会：

```
4! = 4 * 3 * 2 * 1 = 24
```

对于组合的概念而言，2 个 x 只有 $x*x$ 的组合，2 个 y 也只有 $y*y$ 的组合。所以以组合概念而言，整个系数推导公式应该如下：

$$\frac{4!}{2!*2!} = \frac{24}{2*2} = 6$$

更进一步，可以使用下列公式计算 $x^{n-k}y^k$ 系数：

$$\frac{n!}{(n-k)!\,k!}$$

14-4-3　系数公式推导与验证

其实上述公式可以推导到 $(x+y)^n$ 二项式展开后的 $x^{n-k}y^k$ 的系数，如下所示：

$$\frac{n!}{(n-k)!\,k!} = C_k^{\,n} = \binom{n}{k}$$

上述就是二项式的系数通式，在 14-3 节我们有下列 5 次幂的公式：

$$(x + y)^5 = x^5 + 5x^4y + 10x^3y^2 + 10x^2y^3 + 5xy^4 + y^5$$

（1）验证 $k = 0$。

$$x^5 = \frac{5!}{5!\,0!} = 1$$

注　$0! = 1$

（2）验证 $k = 1$。

$$x^4y = \frac{5!}{4!\,1!} = 5$$

（3）验证 $k = 2$。

$$x^3 y^2 = \frac{5!}{3!\,2!} = 10$$

（4）验证 $k = 3$。

$$x^2 y^3 = \frac{5!}{2!\,3!} = 10$$

（5）验证 $k = 4$。

$$x y^4 = \frac{5!}{1!\,4!} = 5$$

（6）验证 $k = 5$。

$$y^5 = \frac{5!}{1!\,5!} = 1$$

14-5　二项式的通式

前面我们已经推导了二项的通式系数，将 $(x + y)^n$ 细部展开可以得到下列二项式的展开通式：

$$(x + y)^n = \binom{n}{0} x^0 y^0 + \binom{n}{1} x^{n-1} y^1 + \binom{n}{2} x^{n-2} y^2 + \cdots + \binom{n}{n-1} x^1 y^{n-1} + \binom{n}{n} x^0 y^n$$

14-5-1　验证头尾系数比较

头系数计算是从 n 中取 0 个，计算方式如下：

$$\binom{n}{0} = \frac{n!}{(n-0)!\,0!} = \frac{n!}{n!\,0!} = 1$$

尾系数计算是从 n 中取 n 个，计算方式如下：

$$\binom{n}{n} = \frac{n!}{(n-n)!\,n!} = \frac{n!}{0!\,n!} = 1$$

14-5-2　中间系数验证

经过 14-3-3 节和 14-4 节的学习，我们可以得到下列结果：

$$\binom{n}{k} = \binom{n}{n-k}$$

下列是验证结果：

$$\binom{n}{k} = \frac{n!}{(n-k)!\,k!}$$

$$\binom{n}{n-k} = \frac{n!}{(n-(n-k))!\,(n-k)!} = \frac{n!}{k!\,(n-k)!}$$

14-6　二项式到多项式

如果在二项式内增加一个变量 z，例如：$(x+y+z)^2$，我们称这是三项式，如果将三项式平方展开后，可以得到下列结果。

$$(x+y+z)^2 = x^2 + y^2 + z^2 + 2xy + 2yz + 2xz$$

上述次幂增加时，其实可以获得 $x^{r1}y^{r2}z^{r3}$ 项，这些项的系数也是呈现一定规则，如下所示：

$$\frac{n!}{r1!\,r2!\,r3!}$$

更进一步的说明则不在本书讨论范围。

14-7　二项分布实验

如果有一个实验，结果只有成功与失败 2 个结果，同时每次实验均不会受到前一次实验影响，表示这实验是独立的，则我们称这是二项分布实验。在这个实验中假设成功概率是 p，则失败概率是 $1-p$。

如果将此实验重复做 n 次，使用先前的概念，可以将 x 变量使用 p 代替，将 y 变量使用 $(1-p)$ 代替。应用二项式定理，这时可以得到下列二项式的公式：

$$(p + (1-p))^n$$

然后将上述二项式公式展开，观察每一项变量与其系数，就可以得到 p（成功）和 $(1-p)$（失败）出现的次数概率，我们将这个概率称二项式分布概率。

14-8　将二项式概念应用在业务数据分析

在 10-3 节笔者获得了业务员销售第 1、2、3 年每拜访客户 100 次，可以销售国际证照考卷的张数公式，如下所示：

$$y = 7.5x - 3.33$$

在原章节笔者使用的销售单位数是 100，笔者将继续沿用。从上述可以得到斜率是 7.5，这个斜率意义是每拜访 100 次，可以销售 750 张考卷，笔者将数据简化为每拜访 10 次可以销售 7.5 张考卷。

上述概念也可以理解为每次拜访销售考卷的成功率是 0.75，现在我们想了解拜访 5 次可以销售 0 ~ 2 张考卷的概率为多少？

14-8-1　每 5 次拜访销售 0 张考卷的概率

在此可以用 x 变量当作销售张数，从前面可以得到销售成功的概率是 0.75，由于 x 是销售张数的变量，所以可以用下列公式表达销售失败的概率：

$P(x=0) = 1 - 0.75 = 0.25$

连续 5 次拜访皆是失败，概率可以用下列公式表示：

$P(x=0) = (0.25)^5$

下列是计算结果：

```
>>> 0.25**5
0.0009765625
```

上述得到约是 0.09766%。

14-8-2　每 5 次拜访销售 1 张考卷的概率

每 5 次拜访可以销售 1 张考卷，可能出现在 5 次拜访中的任何一次，回想二项式定理，x^n 或 y^n 系数皆是 1，这表示 5 次拜访皆未销售考卷的方式只有 1 种。

$$\binom{5}{0}$$

这个概念可以推广为拜访 5 次可以销售 1 次的机会如下：

$$\binom{5}{1}$$

另外，成功销售 1 张概率是 0.75，在 5 次拜访中出现 1 次，相当于是 1 次方。

销售失败是 4 次，失败概率是 0.25，相当于是 4 次方。

依据上述条件可以得到下列计算公式：

$$P(x = 1) = \binom{5}{1} * 0.75^1 * (1 - 0.75)^4$$

整个计算结果如下：

```
>>> 5 * 0.75 * (1-0.75)**4
0.0146484375
```

上述得到约是 1.4648%。

14-8-3　每 5 次拜访销售 2 张考卷的概率

这个概念可以推广为拜访 5 次可以销售 2 次的机会如下:

$$\binom{5}{2}$$

另外,成功销售 1 张概率是 0.75,在 5 次拜访中出现 2 次,相当于是 2 次方。
销售失败是 3 次,失败概率是 0.25,相当于是 3 次方。
依据上述条件可以得到下列计算公式:

$$P(x=2) = \binom{5}{2} * 0.75^2 * (1-0.75)^3 = 10 * 0.75^2 * (1-0.75)^3$$

整个计算结果如下:

```
>>> 10 * 0.75**2 * (1-0.75)**3
0.087890625
```

上述得到约是 8.79%。

14-8-4　每 5 次拜访销售 0 ~ 2 张考卷的概率

如果想要计算销售 0 ~ 2 张考卷的概率,只要将上述销售 0 张、销售 1 张、销售 2 张的概率结果相加就可以了。

整个计算结果如下:

```
>>> 0.0009765625 + 0.0146484375 + 0.087890625
0.103515625
```

每拜访 5 次,销售 0 ~ 2 张考卷的概率约是 10.35%。

14-8-5　列出拜访 5 次销售 k 张考卷的概率通式

从上述运算其实我们也可以获得拜访 5 次可以销售 k 张考卷的概率通式。
拜访 5 次可以销售 k 张的机会如下:

$$\binom{5}{k}$$

另外,成功销售 1 张概率是 0.75,在 5 次拜访中出现 k 次,所以是 0.75 的 k 次方。
销售失败是 5-k 次,失败概率是 0.25,所以是 0.25 的 5-k 次方。

$$P(x=k) = \binom{5}{k} * 0.75^k * (1-0.75)^{5-k}$$

14-9　二项式概率分布 Python 实践

14-8 节笔者手算了二项式的概率分布，这一节将使用 Python 程序完成上述手算。

程序实例 ch14_1.py：实践销售 0 ～ 5 张考卷的概率，同时使用直方图绘制此图表。

```python
1  # ch14_1.py
2  import matplotlib.pyplot as plt
3  import math
4  def probability(k):
5      num = (math.factorial(n))/(math.factorial(n-k)*math.factorial(k))
6      pro = num * success**k * (1-success)**(n-k)
7      return pro
8
9  n = 5                                    # 销售次数
10 success = 0.75                           # 销售成功概率
11 fail = 1 - success                       # 销售失败概率
12 p = []                                   # 储存成功概率
13
14 for k in range(0,n+1):
15     if k == 0:
16         p.append(fail**n)                # 连续n次失败概率
17         continue
18     if k == n:
19         p.append(success**n)             # 连续n次成功概率
20         continue
21     p.append(probability(k))             # 计算其他次成功概率
22
23 for i in range(len(p)):
24     print('销售 {} 单位成功概率 {}%'.format(i, p[i]*100))
25
26 x = [i for i in range(0, n+1)]           # 直方图x轴坐标
27 width = 0.35                             # 直方图宽度
28 plt.xticks(x)
29 plt.bar(x, p, width, color='g')          # 绘制直方图
30 plt.ylabel('Probability')
31 plt.xlabel('unit:100')
32 plt.title('Binomial Dristribution')
33 plt.show()
```

执行结果

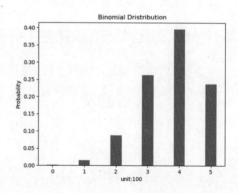

```
=========== RESTART: D:\Python Machine
销售 0 单位成功概率 0.09765625%
销售 1 单位成功概率 1.46484375%
销售 2 单位成功概率 8.7890625%
销售 3 单位成功概率 26.3671875%
销售 4 单位成功概率 39.55078125%
销售 5 单位成功概率 23.73046875%
```

对这个二项式概率分布的程序而言，几个重要的变量如下：

success：成功的概率，此例是 0.75。

fail = 1 – success：失败的概率，此例是 1 – 0.75 = 0.25。

n：实验次数。

只要更改上述数据，就可以获得不同的图表结果。

其实二项式在商业上应用很广泛，电商公司或一般商家可以收集过去的历史数据，然后判断客户是否会回流。另外也可以收集数据，了解 k 值是多少对公司最有利，或是 k 值的区间应落在多少最好。最后笔者使用原程序，修改数据后再执行一次。

程序实例 ch14_2.py：修改成功概率是 0.35，然后 n 是 10，计算可能销售 0 ～ 10 张考卷的概率，同时用图表列出结果。

```python
1  # ch14_2.py
2  import matplotlib.pyplot as plt
3  import math
4  def probability(k):
5      num = (math.factorial(n))/(math.factorial(n-k)*math.factorial(k))
6      pro = num * success**k * (1-success)**(n-k)
7      return pro
8
9  n = 10                                    # 销售次数
10 success = 0.35                            # 销售成功机率
11 fail = 1 - success                        # 销售失败机率
12 p = []                                    # 储存成功机率
13
14 for k in range(0,n+1):
15     if k == 0:
16         p.append(fail**n)                 # 连续n次失败机率
17         continue
18     if k == n:
19         p.append(success**n)              # 连续n次成功机率
20         continue
21     p.append(probability(k))              # 计算其他次成功概率
22
23 for i in range(len(p)):
24     print('销售 {} 单位成功概率 {}%'.format(i, p[i]*100))
25
26 x = [i for i in range(0, n+1)]            # 直方图x轴坐标
27 width = 0.35                              # 直方图宽度
28 plt.xticks(x)
29 plt.bar(x, p, width, color='g')           # 绘制直方图
30 plt.ylabel('Probability')
31 plt.xlabel('unit:100')
32 plt.title('Binomial Dristribution')
33 plt.show()
```

执行结果

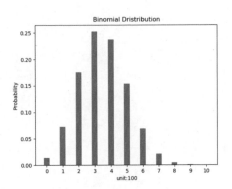

```
========== RESTART: D:\Python Machine Learning
销售 0 单位成功概率 1.3462743344628911%
销售 1 单位成功概率 7.24916949326172%
销售 2 单位成功概率 17.565295310595708%
销售 3 单位成功概率 25.221962497265626%
销售 4 单位成功概率 23.766849276269532%
销售 5 单位成功概率 15.35704107082031%
销售 6 单位成功概率 6.890979967675779%
销售 7 单位成功概率 2.120301528515624%
销售 8 单位成功概率 0.42813780864257794%
销售 9 单位成功概率 0.05123016513671872%
销售 10 单位成功概率 0.002758547353515623%
```

第15章

指数概念与指数函数

15-1　认识指数函数

15-1-1　基础概念

前一章的二项式公式如下：

$$(x + y)^n$$

在基础数学中我们可以将 $(x + y)$ 称作底数（或是基数 base），幂的部分 n 称作指数 (index)，其实这个数据格式也称指数表达式，如果左边有函数，则称指数函数 (exponential function)。

不过一般比较正式的是使用下列方式定义指数函数：

$$y = f(x) = b^n \quad \longleftarrow \text{指数}$$
$$\underset{\text{底数}}{\uparrow}$$

上述 b^n，b 是底数，其意义如下，相当于 b 自乘 n 次：

$$b^n = \underbrace{b * ... * b}_{n}$$

上述当指数 $n = 1$ 时，习惯是省略指数，直接用 b 表示。当 $n = 2$ 时，称平方。当 $n = 3$ 时，称立方。上述运算方式与基础数学相同，下列是以 10 为底做说明：

$$y = f(1) = 10^1 = 10$$
$$y = f(2) = 10^2 = 100$$
$$y = f(3) = 10^3 = 1000$$

下列是一系列使用实例，笔者也尝试使用不同的底数。

```
>>> 10**1
10
>>> 10**2
100
>>> 10**3
1000
>>> 2**10
1024
```

Python 的 pow(x, y) 函数可以支持指数运算，这个函数可以回传 x 的 y 次方。

```
>>> pow(4, 3)
64
>>> pow(3, 4)
81
```

注　其实所有的正实数，皆可以用指数形式表达。

15-1-2 复利计算实例

指数常被应用在银行存款复利的计算中，例如：有 1 万元做定存，年利率是 3%，如果不领出来可以使用复利累积金钱，计算 n 年后这笔金钱累积金额为多少。这时的计算公式如下：

```
x * (1 + 0.03)ⁿ                                    # x 是期初金额
```

程序实例 ch15_1.py：请列出 1 ～ 10 年的累积金额。

```
1  # ch15_1.py
2  base = 10000
3  rate = 0.03
4  year = 10
5  for i in range(1, year+1):
6      base = base + base*rate
7      print('经过 {0:2d} 年后累积金额 {1:6.2f}'.format(i,base))
```

执行结果

```
========== RESTART: D:\Python Machine Learning Math\ch15\ch15_1.py ==========
经过  1 年后累积金额 10300.00
经过  2 年后累积金额 10609.00
经过  3 年后累积金额 10927.27
经过  4 年后累积金额 11255.09
经过  5 年后累积金额 11592.74
经过  6 年后累积金额 11940.52
经过  7 年后累积金额 12298.74
经过  8 年后累积金额 12667.70
经过  9 年后累积金额 13047.73
经过 10 年后累积金额 13439.16
```

15-1-3 病毒复制

病毒其实是在以很惊人的速度成长，例如：每小时就翻倍，这也是使用指数函数的好时机。

假设目前病毒量是 x，每个小时病毒量可以翻倍，经过 n 小时后的病毒量计算公式如下：

```
x * (1 + 1)ⁿ
```

程序实例 ch15_2.py：假设初期病毒数量是 100，每个小时病毒可以翻倍，请计算经过 10 小时后的病毒量，同时列出每小时的病毒量。

```
1  # ch15_2.py
2  base = 100
3  rate = 1
4  hour = 10
5  for i in range(1, hour+1):
6      base = base + base*rate
7      print('经过 {0:2d} 小时后累积病毒量 {1}'.format(i,base))
```

执行结果

```
========== RESTART: D:\Python Machine Learning Math\ch15\ch15_2.py ==========
经过  1 小时后累积病毒量 200
经过  2 小时后累积病毒量 400
经过  3 小时后累积病毒量 800
经过  4 小时后累积病毒量 1600
经过  5 小时后累积病毒量 3200
经过  6 小时后累积病毒量 6400
经过  7 小时后累积病毒量 12800
经过  8 小时后累积病毒量 25600
经过  9 小时后累积病毒量 51200
经过 10 小时后累积病毒量 102400
```

15-1-4　指数应用在价值衰减

如果现在花 x 万元买一辆车，在前 3 年车子每年会以 10% 的速度衰减价值，可以使用下列方式计算未来 n 年后的车辆价值。

$x * (1 - 0.1)^n$

程序实例 ch15_3.py：假设当初花 100 万元买一辆车，请使用上述数据计算未来 3 年后车辆的残值。

```
1  # ch15_3.py
2  base = 100
3  rate = 0.1
4  year = 3
5  for i in range(1, year+1):
6      base = base - base*rate
7      print('经过 {} 年后车辆残值 {}'.format(i,base))
```

执行结果

```
========== RESTART: D:\Python
经过 1 年后车辆残值 90.0
经过 2 年后车辆残值 81.0
经过 3 年后车辆残值 72.9
```

15-1-5　用指数概念看 iPhone 容量

常见的 iPhone 容量是 512 GB，这个数字坦白说是有些抽象，现在笔者用实例解说，让读者可以更直观地了解此容量所代表的意义。

注　1 KB 实际上是 1024 Byte，笔者先简化为 1000 Byte。此外，读者须了解下列容量单位：

```
1GB = 1024 MB        # 在此简化为 1000 MB
1MB = 1024 KB        # 在此简化为 1000 KB
```

笔者将推导 512 GB 的容量：

```
512 GB = 512 * 1000 MB
       = 512 * 1000 * 1000 KB
       = 512 * 1000 * 1000 * 1000 Bytes
       = 512000000000 Bytes
```

由于 1 个 Byte 可以储存 1 个英文字母，所以上述容量可以储存 5120 亿个英文字母。1 个中文字是使用 2 个 Bytes 储存，所以上述可以容纳 2560 亿个中文字。1 本中文书大约是 20 万字，相当于可以储存 1280000 本书，约 128 万本书。

使用上述计算我们虽然可以获得想要的信息，但是最大问题是太冗长。如果适度使用指数代替运算，整个计算容量过程将简化许多。

$$512GB = 512 * 1000 \text{ MB}$$
$$= 512 * 10^3 * 10^3 \text{ KB}$$
$$= 512 * 10^3 * 10^3 * 10^3 \text{ Bytes}$$
$$= 5.12 * 10^2 * 10^3 * 10^3 * 10^3 \text{ Bytes}$$
$$= 5.12 * 10^{2+3+3+3} \text{ Bytes}$$
$$= 5.12 * 10^{11} \text{ Bytes}$$

从上述可以看到，使用指数运算，整个计算工作简化许多，也容易懂。

15-2　指数运算的规则

指数运算也可以称为幂 (Exponentiation) 运算。

❑ 指数是 0

除了 0 以外，所有数的 0 次方皆是 1。

$b^0 = 1$

0 的 0 次方目前数学界还没有明确定义，不过有人主张是 1，特别是在组合数学的应用上。在 Python 的 IDLE 环境中 0 的 0 次方结果是 1。

```
>>> 10**0
1
>>> 0**0
1
```

❑ 相同底数的数字相乘

两个相同底数的数字相乘，结果是底数不变，指数相加。

$b^m * b^n = b^{m+n}$

❑ 相同底数的数字相除

两个相同底数的数字相除，结果是底数不变，指数相减。

$b^m / b^n = b^{m-n}$

❑ 相同指数幂相除

相同指数幂相除，指数不变，底数相除。

$$\frac{a^n}{b^n} = \left(\frac{a}{b}\right)^n$$

❑ 指数幂是负值

相当于是底数的倒数自乘。

$$b^{-n} = \frac{1}{b^n}$$

❑ 指数的指数运算

相当于两个指数相乘。

$$(b^m)^n = b^{m*n}$$

❑ 两数相乘的指数

相当于两数分别取指数相乘。

$$(a*b)^n = a^n * b^n$$

❑ 根号与指数

平方根号相当于指数是 1/2，假设如下：

$$b^n = \sqrt{b}$$

等号两边平方，可以得到下列结果：

$$(b^n)^2 = (\sqrt{b})^2$$

上述运算可以得到下列结果：

$2n = 1$

所以最后可以得到下列结果：

$$n = \frac{1}{2}$$

上述是平方根的概念，如果是应用 n 次方根，其结果如下：

$$b^{\frac{1}{n}} = \sqrt[n]{b}$$

15-3　指数函数的图形

指数函数的图形在计算机领域应用非常广泛，当数据以指数方式呈现时，如底数是大于 1，数据将呈现非常陡峭的增长。

15-3-1　底数是变量的图形

绘制底数是变量的图形，假设指数是 2，格式如下：

n^2

我们形容数据是依据底数的平方做变化，在计算机领域，n^2 也可以代表程序执行的时间复杂度，一个算法的好坏可用时间复杂度表示，下列从左到右相当于是从好到不好。

$$O(1) < O(\log n) < O(n) < O(n\log n) < O(n^2)$$

读者可以体会当数据跳到指数公式 n^2 时，整个数据将产生巨大的变化。

程序实例 ch15_4.py：用程序绘制 $O(1)$、$O(\log n)$、$O(n)$、$O(n\log n)$、$O(n^2)$ 的图形，读者可以了解当 n 是 $1 \sim 10$ 时，所需要的程序运行时间关系图。

```
1  # ch15_4.py
2  import matplotlib.pyplot as plt
3  import numpy as np
4
5  xpt = np.linspace(1, 5, 5)          # 建立含10个元素的数组
6  ypt1 = xpt / xpt                    # 时间复杂度是 O(1)
7  ypt2 = np.log2(xpt)                 # 时间复杂度是 O(logn)
8  ypt3 = xpt                          # 时间复杂度是 O(n)
9  ypt4 = xpt * np.log2(xpt)           # 时间复杂度是 O(nlogn)
10 ypt5 = xpt * xpt                    # 时间复杂度是 O(n*n)
11 plt.plot(xpt, ypt1, '-o', label="O(1)")
12 plt.plot(xpt, ypt2, '-o', label="O(logn)")
13 plt.plot(xpt, ypt3, '-o', label="O(n)")
14 plt.plot(xpt, ypt4, '-o', label="O(nlogn)")
15 plt.plot(xpt, ypt5, '-o', label="O(n*n)")
16 plt.legend(loc="best")             # 建立图例
17 plt.axis('equal')
18 plt.show()
```

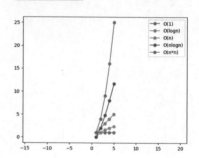
执行结果

15-3-2 指数幂是实数变量

当指数幂是实数变量，例如下列函数：

$$y = f(x) = b^x$$

上述公式 x 是一个变量，假设 $b = 2$，可以得到下列指数函数：

$$y = f(x) = 2^x$$

上述当 x 是负值时，负值越大，y 值将逐渐趋近于 0。如果 $x = 0$，y 值是 1。当 x 是正值时，正值越大，数值将极速上升。

程序实例 ch15_5.py：绘制下列两条 $x = -3$ 至 $x = 3$ 的指数函数图形。

$$y = f(x) = 2^x$$
$$y = f(x) = 4^x$$

```
1  # ch15_5.py
2  import matplotlib.pyplot as plt
3  import numpy as np
4
5  x2 = np.linspace(-3, 3, 30)        # 建立含30个元素的数组
6  x4 = np.linspace(-3, 3, 30)        # 建立含30个元素的数组
7  y2 = 2**x2
8  y4 = 4**x4
9  plt.plot(x2, y2, label="2**x")
10 plt.plot(x4, y4, label="4**x")
11 plt.plot(0, 1, '-o')               # 标记指数为0位置
12 plt.legend(loc="best")             # 建立图例
13 plt.axis([-3, 3, 0, 30])
14 plt.grid()
15 plt.show()
```

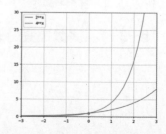
执行结果

当数值呈现指数变化时，变化量是相当惊人的。例如：读者现在有 1 万元，每年呈 2 倍速增长，15 年后这笔金钱将产生惊人的变化。

```
>>> 1 * 2**15
32768
```

相当于可以有 3 亿多元。

15-3-3　指数幂是实数变量但是底数小于 1

基于 15-3-2 节的概念，但是底数小于 1，例如底数是 0.5，可以参考如下函数：

$$y = f(x) = 0.5^x$$

此时线形方向将完全相反，指数值是正值，正值越大将越趋近于 0。指数值是负值，负值越大数值将越大。不过如果指数是 0，结果是 1。

程序实例 ch15_6.py：绘制下列两条 $x = -3$ 至 $x = 3$ 的指数函数图形。

$$y = f(x) = 0.5^x$$
$$y = f(x) = 0.25^x$$

```
1  # ch15_6.py
2  import matplotlib.pyplot as plt
3  import numpy as np
4
5  x2 = np.linspace(-3, 3, 30)        # 建立含30个元素的数组
6  x4 = np.linspace(-3, 3, 30)        # 建立含30个元素的数组
7  y2 = 0.5**x2
8  y4 = 0.25**x4
9  plt.plot(x2, y2, label="0.5**x")
10 plt.plot(x4, y4, label="0.25**x")
11 plt.plot(0, 1, '-o')               # 标记指数为0位置
12 plt.legend(loc="best")             # 建立图例
13 plt.axis([-3, 3, 0, 30])
14 plt.grid()
15 plt.show()
```

执行结果

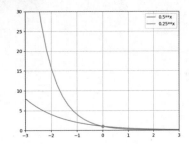

第 1 6 章

对数

前一章笔者说明了指数函数，这一章将讲解对数 (logarithm) 函数，这是机器学习常会用到的函数。

16-1　认识对数函数

16-1-1　对数的由来

从上一章我们知道，其实所有的实数皆可以写成指数形式，例如：2^x。接下来面临的另一个问题是如何表达下列概念？

8 是 2 的几次方？

$8 = 2^x$　　　　　　　　　　　　　　# x 是未知

最后数学专家创造出了一个符号来表达上述概念，这个符号就是对数 log。表达方式如下：

$\log_2 8$

更完整的数学表达式如下：

$$8 = 2^{\log_2 8}$$

上述增加的指数指的是 8 以 2 为底数所对应的指数。所以 log 本质是指数，因为是所对应的指数（请留意这段话的蓝色字），所以数学家将此 log 称对数。

16-1-2　从数学看指数的运作概念

在数学概念中对数其实是执行指数的逆运算，也就是说对数函数是指数函数的反函数。例如：有一个指数运算公式如下：

$y = b^x$

假设上面底数 $b = 2$，公式如下：

$y = 2^x$

上述公式中，我们可以将一系列的 x 值代入公式求得 y 值，这是基本的指数运算函数。假设同样的公式，我们已知 y 值，要计算 x 值，这时就要使用对数的概念。

对上述公式而言，假设 y 值是 8，原先指数函数可以用下列公式表示：

$8 = 2^x$

如果用对数表示，可以得到下列公式：

$x = \log_2 8$

其实 $8 = 2 * 2 * 2$，也可以说 $8 = 2^3$，所以最后可以得到下列结果：

$x = \log_2 8 = 3$

16-1-3　天文数字的处理

对数的发明大大减少了天文数字处理的时间，硬盘上市不久，1 MB 硬盘的售价是 200 元，也就是一台配备 200 MB 的硬盘是 4 万元。现在，Apple 的 iCloud 储存空间有 2 TB，约 300 元 / 月。

读者可能会问 1 TB 是多大，数学推导方式如下：

$$1 \text{ TB} = 1000 \text{ GB}$$
$$= 1000 * 1000 \text{ MB}$$
$$= 1000 * 10^3 * 10^3 \text{ KB}$$
$$= 1000 * 10^3 * 10^3 * 10^3 \text{ Bytes}$$
$$= 10^3 * 10^3 * 10^3 * 10^3 \text{ Bytes}$$
$$= 10^{3+3+3+3} \text{ Bytes}$$
$$= 10^{12} \text{ Bytes}$$

上述是天文数字，可是使用底数是 10 的对数处理，可以得到下列结果：

$$\log_{10} 1000000000000 = 12$$

一个简单的对数公式，就让天文数字轻松易懂。

16-1-4　Python 的对数函数应用

有关 Python 在对数 log 的使用，笔者在 2-3 节已有说明，请参考该节的内容。但是在应用上必须留意，如果对数 log 的底数是 10，我们称这是常用对数，使用 log 数学公式表达时，常常会省略 10，如下所示：

$$\log 5 \qquad\qquad\qquad \text{\# 其实是代表 } \log_{10} 5$$

但是在 Python 公式中所调用的方法是 log10( )。

早期的数学或统计书籍皆会在讲解对数时放上对数表，方便读者有需求时查阅，其实我们可以使用程序设计此对数表。

程序实例 ch16_1.py：建立 $\log_{10} x$ 的对数表，其中真数 x 是 $1.1 \sim 10.0$。

```
1  # ch16_1.py
2  import numpy as np
3
4  n = np.linspace(1.1, 10, 90)              # 建立1.1～10的数组
5  count = 0                                 # 用于计算每5笔输出换行
6  for i in n:
7      count += 1
8      print('{0:2.1f} = {1:4.3f}'.format(i, np.log10(i)), end='     ')
9      if count % 5 == 0:                    # 每5笔输出就换行
10         print()
```

执行结果

```
=========== RESTART: D:/Python Machine Learning Math/ch16/ch16_1.py ===========
1.1 = 0.041    1.2 = 0.079    1.3 = 0.114    1.4 = 0.146    1.5 = 0.176
1.6 = 0.204    1.7 = 0.230    1.8 = 0.255    1.9 = 0.279    2.0 = 0.301
2.1 = 0.322    2.2 = 0.342    2.3 = 0.362    2.4 = 0.380    2.5 = 0.398
2.6 = 0.415    2.7 = 0.431    2.8 = 0.447    2.9 = 0.462    3.0 = 0.477
3.1 = 0.491    3.2 = 0.505    3.3 = 0.519    3.4 = 0.531    3.5 = 0.544
3.6 = 0.556    3.7 = 0.568    3.8 = 0.580    3.9 = 0.591    4.0 = 0.602
4.1 = 0.613    4.2 = 0.623    4.3 = 0.633    4.4 = 0.643    4.5 = 0.653
4.6 = 0.663    4.7 = 0.672    4.8 = 0.681    4.9 = 0.690    5.0 = 0.699
5.1 = 0.708    5.2 = 0.716    5.3 = 0.724    5.4 = 0.732    5.5 = 0.740
5.6 = 0.748    5.7 = 0.756    5.8 = 0.763    5.9 = 0.771    6.0 = 0.778
6.1 = 0.785    6.2 = 0.792    6.3 = 0.799    6.4 = 0.806    6.5 = 0.813
6.6 = 0.820    6.7 = 0.826    6.8 = 0.833    6.9 = 0.839    7.0 = 0.845
7.1 = 0.851    7.2 = 0.857    7.3 = 0.863    7.4 = 0.869    7.5 = 0.875
7.6 = 0.881    7.7 = 0.886    7.8 = 0.892    7.9 = 0.898    8.0 = 0.903
8.1 = 0.908    8.2 = 0.914    8.3 = 0.919    8.4 = 0.924    8.5 = 0.929
8.6 = 0.934    8.7 = 0.940    8.8 = 0.944    8.9 = 0.949    9.0 = 0.954
9.1 = 0.959    9.2 = 0.964    9.3 = 0.968    9.4 = 0.973    9.5 = 0.978
9.6 = 0.982    9.7 = 0.987    9.8 = 0.991    9.9 = 0.996    10.0 = 1.000
```

16-2　对数表的功能

16-2-1　对数表基础应用

对数表对于传统数学运算是非常重要的工具，特别是在没有计算器的时代，可以使用对数表快速推导近似值。例如：有一块 3 平方米的土地，究竟边长是多少？假设边长是 x，可以得到下列公式：

$$3 = x^2$$

进一步推导可以得到下列公式：

$$x = \sqrt{3} = 3^{\frac{1}{2}}$$

由程序 ch16_1.py 的 $\log_{10}$ 的对数表执行结果可以查到，3 大约是 10 的 0.477 次方，现在可以将 3 转成以 10 为底的次方，经此推导的公式如下：

$$x = \sqrt{3} = 3^{\frac{1}{2}} \approx (10^{0.477})^{\frac{1}{2}} = 10^{0.477 * 0.5} = 10^{0.2385}$$

下一步是在对数表中找出最接近结果是 0.2385 的 10 次方的数值，此例是 1.7。所以可以得到：

$$x \approx 1.7$$

也可以说：

$$\sqrt{3} \approx 1.7$$

下列是用 Python 验算上述结果。

```
>>> import math
>>> math.sqrt(3)
1.7320508075688772
```

16-2-2　更精确的对数表

在程序实例 ch16_1.py 中，笔者将 1.1 ～ 10.0 切割成 90 份，获得了精确至小数第 3 位的对数表，如果还需要更精确的对数表，在没有计算器的时代是一件繁杂的计算工作，不过使用程序语言可以轻松解决，我们可以将 1.1 ～ 10.0 切割成 900 份，就可以获得更精确的结果。

虽然计算器程序的进步减少了对数表的使用，不过其对于学习基础数学以及未来机器学习仍是有相当大的帮助。

16-3　对数运算可以解决指数运算的问题

有些问题使用指数处理，可能会较为繁杂，这时可以考虑使用对数解决，本节将讲解这方面的概念。

16-3-1　用指数处理相当数值的近似值

这一节的内容主要是描述某个数据可以用 10 的多少次方表达，所使用的方法是指数函数的方法。正式题目是"540 天的秒数，可以用 10 的多少次方表达？"首先可以计算 540 天的秒数，计算方式如下：

$$= 540 * 24 * 60 * 60$$
$$= 54 * 10 * 6 * 4 * 6 * 10 * 6 * 10$$
$$= 216 * 6^3 * 10^3$$
$$= 6^3 * 6^3 * 10^3$$
$$= 6^6 * 10^3$$

所谓的将某个数字改为 10 的多少次方，就是将 6^6 改为 10 的 x 次方，因为 6 比 10 小，所以可以将 6 改为 $10^{0.xxx}$，假设 $m > n$，我们也可以使用下列公式表示：

$$6 = 10^{\frac{n}{m}}$$

可以得到下列公式：

$$6^m = (10^{\frac{n}{m}})^m$$

可以推导下列结果：

$$6^m = (10^{\frac{n}{m}})^m = 10^{\frac{n}{m}m}$$

进一步推导可以得到下列结果：

$$6^m = (10^{\frac{n}{m}})^m = 10^{\frac{n}{m}m} = 10^n$$

接着计算 6 的多少次方约等于 10 的多少次方，计算 6 的次方值可以得到下列结果：

$6^1 = 6$

$6^2 = 36$

…

$6^9 = 10077696$

可以得到 6 的 9 次方最接近 10 的 7 次方，如下所示：

$$6^9 \approx 10^7$$

所以现在可以推导得到 $n = 7$，$m = 9$，将此结果代入下列公式：

$$6 = 10^{\frac{n}{m}}$$

可以得到：

$$6 = 10^{\frac{n}{m}} = 10^{\frac{7}{9}} = 10^{0.778}$$

将上述结果代入下列公式：

540 天秒数 $= 6^6 * 10^3$

$$\approx (10^{0.778})^6 * 10^3$$

$$= 10^{4.668+3}$$

$$= 10^{7.668}$$

下列是用 Python 验证：

```
>>> pow(10, 7.668)
46558609.35229591
>>>
>>> 540 * 24 * 60 * 60
46656000
```

上述执行结果非常接近。

16-3-2 使用对数简化运算

对数概念如下：

$y = \log_b x$

用 $x = 6$，$b = 10$ 代入，相当于是要处理下列公式：

$10^y = 6$

也可以说是计算下列结果：

$y = \log_{10} 6$

从程序实例 ch16_1.py 的运算结果的对数表可以得到：

$$\log_{10} 6 = 0.778$$

将 6 用 $10^{0.778}$ 代入原始公式如下：

$$540 \text{ 天秒数} = 6^6 * 10^3$$

$$\approx (10^{0.778})^6 * 10^3$$
$$= 10^{4.668+3}$$
$$= 10^{7.668}$$

我们可以用比较简单的方法获得想要的结果。

16-4 认识对数的特性

从前一节我们知道处理比较大的数据运算时，使用对数可以有比较好的运算方法，可以节省运算时间，这一点对于机器学习是很有帮助的。这一节是要说明对数的特性，笔者先绘制对数 log 的函数图形，然后再说明。

程序实例 ch16_2.py：将对数的底数设为 2 与 0.5，将真数的值设为 0.1 ～ 10，然后绘制图表。

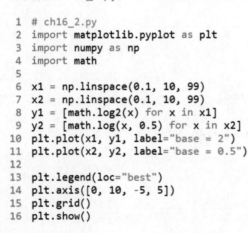

```
1  # ch16_2.py
2  import matplotlib.pyplot as plt
3  import numpy as np
4  import math
5
6  x1 = np.linspace(0.1, 10, 99)
7  x2 = np.linspace(0.1, 10, 99)
8  y1 = [math.log2(x) for x in x1]
9  y2 = [math.log(x, 0.5) for x in x2]
10 plt.plot(x1, y1, label="base = 2")
11 plt.plot(x2, y2, label="base = 0.5")
12
13 plt.legend(loc="best")
14 plt.axis([0, 10, -5, 5])
15 plt.grid()
16 plt.show()
```

执行结果

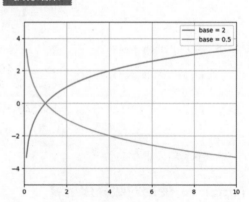

对于底数是 2 的对数函数，如果真数大于 1，会呈现正值同时递增，如果真数小于 1，会呈现负值，当真数接近 0 时，则呈现无限小。

对于底数是 0.5 的对数函数，如果真数大于 1，会呈现负值同时递减，如果真数小于 1，会呈现正值，当真数接近 0 时，则呈现无穷大。

另外，当真数是 1 时，不论底数是多少，对数函数会通过 (1，0)。

16-5 对数的运算规则与验证

这一节将介绍机器学习中常用的对数运算规则。

16-5-1　等号两边使用对数处理结果不变

有一个公式如下:

$$x = y$$

两边使用对数处理,可以得到相同的结果:

$$\log_b x = \log_b y$$

假设 $f(x) = x$, $f(y) = y$,其实只是将函数转成对数函数。

16-5-2　对数的真数是 1

如果对数的真数是 1,不论底数 b 是多少,结果是 0:

$$\log_b 1 = 0$$

可以参考下列公式:

$$b^0 = 1$$

两边用对数处理:

$$\log_b b^0 = \log_b 1$$

上述推导可以得到下列结果:

$$0 = \log_b 1$$

16-5-3　对数的底数等于真数

对数的底数等于真数时概念如下:

$$\log_b b = 1$$

因为 $b^1 = b$,所以可以得到上述结果。

16-5-4　对数内真数的指数

概念如下:

$$\log_b x^n = n\log_b x$$

假设有一个公式如下：

$$x = b^{\log_b x}$$

将上述等号两边执行 n 次方，可以得到下列结果：

$$x^n = (b^{\log_b x})^n$$

右边指数可以得到下列结果：

$$x^n = (b^{\log_b x})^n = b^{n\log_b x}$$

等号两边执行对数 $\log_b$ 运算，可以得到下列结果：

$$\log_b x^n = \log_b b^{n\log_b x} = n\log_b x$$

16-5-5　对数内真数是两数据相乘

概念如下：

$\log_b MN = \log_b M + \log_b N$

假设 $M = x^m$，$N = x^n$，则上述公式可以推导下列结果。

$$\begin{aligned}\log_b MN &= \log_b x^m x^n \\ &= \log_b x^{m+n} \\ &= (m+n)\log_b x \\ &= m\log_b x + n\log_b x \\ &= \log_b x^m + \log_b x^n \\ &= \log_b M + \log_b N\end{aligned}$$

16-5-6　对数内真数是两数据相除

这个概念如下：

$$\log_b \frac{M}{N} = \log_b M - \log_b N$$

公式验证如下：

$$\log_b \frac{M}{N} = \log_b M + \log_b \frac{1}{N}$$
$$= \log_b M - \log_b N$$

16-5-7　底数变换

这个概念如下：

$$\log_b x = \frac{\log_a x}{\log_a b}$$

假设 $z = \log_b x$，所以可以得到下列结果。

$x = b^z$

等号两边同时用对数处理：

$$\log_a x = z\log_a b^z$$

上述右边可以得到下列结果：

$$\log_a x = z\log_a b$$

可以得到：

$$z = \frac{\log_a x}{\log_a b}$$

先前假设 $z = \log_b x$，所以可以得到下列结果：

$$\log_b x = \frac{\log_a x}{\log_a b}$$

其实底数变换不常用到，因为机器学习中常用的底数是 e，e 是欧拉数 (Euler's number)，笔者将在下一章说明。

第 1 7 章

欧拉数与逻辑函数

欧拉数 e 是一个没有循环小数的常数值，约为 2.718281，这是机器学习常用的数值，笔者在本章将详细解说，同时也会说明此值的由来，最后讲解实践应用。

17-1　欧拉数

17-1-1　认识欧拉数

前文在讨论对数时，比较常用的底数是 2 或 10，不过在机器学习中比较常用的底数是数学常数 e，它的全名是 Euler's Number，又称欧拉数，其命名主要是纪念瑞士数学家欧拉。

欧拉数 e 可以用作指数函数的底数，例如下列公式：

e^x

上述公式有时候也可以用 $\exp(x)$ 表达。

在对数 log 应用中，如果底数是 e，数学表达式如下：

$\log_e$

当对数的底数是 e 时，我们称这是自然对数 (natural logarithm)，假设真数是 8，则表达式如下：

$\log_e 8$

或是省略 e，直接用下列公式表示：

$\log 8$

自然对数另一个表达方式是 ln，所以上述公式可以用下列方式表达：

$\ln 8$

注　在机器学习中，有关指数与对数较常使用的是 e，特别是在推导积分与微分公式时，大都使用欧拉数 e。

17-1-2　欧拉数的缘由

前文笔者有解说过复利的概念，其实我们可以由复利概念推导此欧拉数。假设有 1 元本金存在银行，一年利率 100%，一年后这个本金就会变为 2 元。

假设银行提出的存款条件是每半年给一次利息，利率是 50%，相当于是 $\frac{1}{2}$，同时以复利计息，这时一年后的本金和（假设是 s）计算方式如下：

$$s = (1 + \frac{1}{2})^2 = 1.5^2 = 2.25$$

从上述可以看到一年后的本金和是 2.25 元。

现在假设银行提出的存款条件是每一季给一次利息，利率是 25%，相当于是 $\frac{1}{4}$，同时以复利计息，这时一年后的本金和（假设是 s）计算方式如下：

$$s = (1 + \frac{1}{4})^4 = 1.25^4 \approx 2.441$$

其实我们可以由前面两次利息的计算，推导出下列复利计算的公式：

$$s = (1 + \frac{1}{n})^n$$

上述 n 就是利息的期数。

现在假设银行提出的存款条件是每一月给一次利息，这时 n 值就是 12，同时以复利计息，这时一年后的本金和（假设是 s）计算方式如下：

$$s = (1 + \frac{1}{12})^{12} \approx 2.613$$

现在假设银行提出的存款条件是每一天给一次利息，这时 n 值就是 365，同时以复利计息，这时一年后的本金和（假设是 s）计算方式如下：

$$s = (1 + \frac{1}{365})^{365} \approx 2.715$$

现在假设银行提出的存款条件是每一小时给一次利息，这时 n 值就是 365*24，所以 $n = 8760$，同时以复利计息，这时一年后的本金和（假设是 s）计算方式如下：

$$s = (1 + \frac{1}{8760})^{8760} \approx 2.71812669$$

现在假设银行提出的存款条件是每一分钟给一次利息，这时 n 值就是 8760*60，所以 $n=525600$，同时以复利计息，这时一年后的本金和（假设是 s）计算方式如下：

$$s = (1 + \frac{1}{525600})^{525600} \approx 2.718279243$$

现在假设银行提出的存款条件是每一秒钟给一次利息，这时 n 值就是 525600*60，所以 $n=31536000$，同时以复利计息，这时一年后的本金和（假设是 s）计算方式如下：

$$s = (1 + \frac{1}{31536000})^{31536000} \approx 2.718281778$$

从复利计算过程中，我们发现从按分钟计息到按秒钟计息，本金和相差仅约 0.000003，如果现在我们再将秒数分割，可以得到相差数仅是 2.718281 后面的尾数，这个数就被定义为欧拉数，先前公式笔者用 s 表示本金和的变量，现在可以改用欧拉数 e 了。

$$e \approx 2.718281778\cdots$$

17-1-3　欧拉数使用公式做定义

从前一节的欧拉数 e 的推导我们可以得到基础的欧拉数公式如下：

$$e = (1 + \frac{1}{n})^n$$

由于欧拉数公式的 n 值可以趋近至无穷大，所以正式的欧拉数公式如下：

$$e = \lim_{n \to \infty} \left(1 + \frac{1}{n}\right)^n$$

上述 lim( ) 函数中的 lim 是 limit 的缩写，∞ 是无穷大。

17-1-4　计算与绘制欧拉数的函数图形

程序实例 ch17_1.py：在 0.1~1000 取 100000 个点，然后绘制欧拉数图形。因为如果用图表展现 x 轴在 0~1000，读者无法看到欧拉数的函数图形特征，所以只绘制 x 轴在 0~10。

```
1  # ch17_1.py
2  import matplotlib.pyplot as plt
3  import numpy as np
4
5  x = np.linspace(0.1, 1000, 100000)
6  y = [(1+1/x)**x for x in x]
7  plt.axis([0, 10, 0, 3])
8  plt.plot(x, y, label="Euler's Number")
9
10 plt.legend(loc="best")
11 plt.grid()
12 plt.show()
```

执行结果

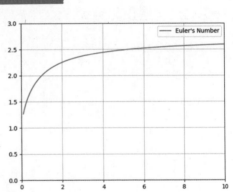

程序实例 ch17_2.py：重新绘制欧拉数函数图形，同时第 7 行不执行，相当于不设定显示空间。

```
1  # ch17_2.py
2  import matplotlib.pyplot as plt
3  import numpy as np
4
5  x = np.linspace(0.1, 1000, 100000)
6  y = [(1+1/x)**x for x in x]
7  #plt.axis([0, 10, 0, 3])
8  plt.plot(x, y, label="Euler's Number")
9
10 plt.legend(loc="best")
11 plt.grid()
12 plt.show()
```

执行结果

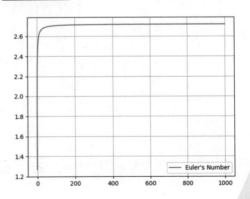

17-2 逻辑函数

逻辑函数 (logistic function) 是一种常见的 Sigmoid 函数（简称 S 函数），这个函数是皮埃尔 (Pierre) 在研究人口增长时命名的，这个函数的特色是因变量 y 的值落在 0～1。

$$y = f(x)$$

假设 $f(x)$ 函数是逻辑函数，则 y 值是 0～1。

逻辑函数常被用在机器学习的分类，还可以得到属于某个类别的概率。

17-2-1 认识逻辑函数

一个简单的逻辑函数定义如下：

$$y = f(x) = \frac{1}{1+e^{-x}}$$

在前文笔者说过，逻辑函数的值会落在 0～1，接下来笔者将验证此观点。

17-2-2 x 是正无穷大

当 x 是正无穷大时，请参考下列数值：

e^{-x}

上述相当于

$$\frac{1}{e^x} \approx 0$$

由于 x 是正无穷大，所以上述值是趋近于 0，将这个结果代入逻辑函数，可以得到下列结果：

$$y = f(x) = \frac{1}{1+e^{-x}} \approx \frac{1}{1+0} = 1$$

从上述推导可以得到当 x 是正无穷大时，逻辑函数值是 1。

17-2-3 x 是 0

当 x 是 0 时，请参考下列数值：

e^{-x}

上述相当于

$$\frac{1}{e^x} = \frac{1}{e^0} = \frac{1}{1} = 1$$

由于 x 是 0，所以上述值是 1，将这个结果代入逻辑函数，可以得到下列结果：

$$y = f(x) = \frac{1}{1+e^{-x}} = \frac{1}{1+1} = 0.5$$

从上述推导可以得到当 x 是 0 时，逻辑函数值是 0.5。

17-2-4　x 是负无穷大

当 x 是负无穷大时，请参考下列数值：

$$e^{-x}$$

上述相当于

$$\frac{1}{e^x} \approx \infty$$

由于 x 是负无穷大，所以上述值是正无穷大，将这个结果代入逻辑函数，可以得到下列结果：

$$y = f(x) = \frac{1}{1+e^{-x}} = \frac{1}{1+\infty} \approx 0$$

从上述推导可以得到当 x 是负无穷大时，逻辑函数值是 0。

17-2-5　绘制逻辑函数

逻辑函数是一种常见的 S 函数，下列是绘制逻辑函数图形，读者可以看到结果。

程序实例 ch17_3.py：绘制逻辑函数，设 x 值在 $-5 \sim 5$。

```python
1  # ch17_3.py
2  import matplotlib.pyplot as plt
3  import numpy as np
4
5  x = np.linspace(-5, 5, 10000)
6  y = [1/(1+np.e**-x) for x in x]
7  plt.axis([-5, 5, 0, 1])
8  plt.plot(x, y, label="Logistic function")
9
10 plt.legend(loc="best")
11 plt.grid()
12 plt.show()
```

执行结果

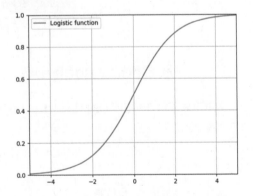

165

17-3 logit 函数

17-3-1 认识 Odds

Odds 可以翻译为比值、优势比、赔率，是指事件发生概率与不发生概率的比值。

在统计学内，概率 (probability) 与 Odds 都是用来描述事件发生的可能性。在此复习一下概率，假设用 $P(A)$ 代表 A 事件的概率，则 $P(A)$ 的定义如下：

$$P(A) = \frac{Number\ of\ Event\ A}{Total\ Number\ of\ Events}$$

若是以掷骰子为例，骰子有 6 面，所以有 6 个可能，$P = 0$ 代表一定不会发生，$P = 1$ 代表一定会发生，掷出特定点数的概率是：

$$P = \frac{1}{6}$$

事件不发生的概率则是：

$$1 - P = 1 - \frac{1}{6} = \frac{5}{6}$$

Odds 是指事件发生概率与不发生概率的比值，所以 Odds 的公式如下：

$$Odds = \frac{Probability\ of\ Event}{Probability\ of\ no\ Event} = \frac{P}{1 - P}$$

若是以掷骰子为例，最后得到的数字如下：

$$Odds = \frac{Probability\ of\ Event}{Probability\ of\ no\ Event} = \frac{P}{1 - P} = \frac{\frac{1}{6}}{\frac{5}{6}} = \frac{1}{5}$$

17-3-2 从 Odds 到 logit 函数

如果用英文表达所谓的 logit 就是 log of Odds，或是可以将 logit 称 log-it，这里的 it 是指 Odds，可以参考下列公式：

$$logit = \log(Odds) = \log\left(\frac{P}{1 - P}\right)$$

这个 log 底数是 e，也就是自然对数，所以上述公式可以改为下列公式：

$$logit = \log(Odds) = \log\left(\frac{P}{1 - P}\right) = \ln\left(\frac{P}{1 - P}\right)$$

17-3-3　绘制 logit 函数

程序实例 ch17_4.py：绘制 $x = 0.1 \sim 0.99$ 的 logit 函数图形，这个程序也标记当 $x = 0.5$ 时 $\text{logit}(x) = 1$ 的点。

```
1  # ch17_4.py
2  import matplotlib.pyplot as plt
3  import numpy as np
4
5  x = np.linspace(0.01, 0.99, 100)
6  y = [np.log(x/(1-x)) for x in x]
7  plt.axis([0, 1, -5, 5])
8  plt.plot(x, y, label="Logit function")
9  plt.plot(0.5, np.log(0.5/(1-0.5)),'-o')
10
11 plt.legend(loc="best")
12 plt.grid()
13 plt.show()
```

执行结果

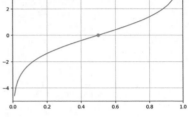

17-4　逻辑函数的应用

17-4-1　事件说明与分析

　　一家网购公司在做消费者售后服务调查中发现，只要所销售的产品在质量上或运送过程没有任何差错，第一次购买的消费者未来一年回购率是 40%，如果发生一个客户不满意的问题，消费者未来一年回购率是 15%。

　　依据过去的经验，假设现在有位客户发生了运送与质量的 2 个差错，请问这位消费者未来一年的回购率是多少。

　　直觉上看，出错一次回购率从 40% 掉到 15%，那出差错 2 次，回购率是否掉到 -10%？其实不会有负值，回购率一定是在 0~1，所以这时可以考虑使用 17-2 节的逻辑函数概念处理。

$$y = f(x) = \frac{1}{1 + e^{-x}}$$

假设事件可以用线性函数 $ax + b$ 表示，所以此时的逻辑函数可用下列函数表示：

$$f(x) = \frac{1}{1 + e^{-(ax+b)}}$$

　　现在的 $f(x)$ 的参数 x 将是 $ax+b$ 的 x。

　　现在的工作是使用已知的数据，找出 $ax + b$ 的系数 a 与 b，然后将出差错的次数 2 代入 x，就可以算出出 2 次差错时，这位消费者的回购率。

不过上述 $ax+b$ 函数是 e 的指数，在解此方程式时会有相当的难度，这时可以应用 logit( ) 函数，将上述 e 指数的一次方程式转成一般一次方程式，整个解题将简单许多。

17-4-2　从逻辑函数到 logit 函数

假设消费者的回购率是 P，网购出差错的次数使用变量 x 表示，可以得到下列公式：

$$P = \frac{1}{1 + e^{-(ax+b)}} = \frac{1}{1 + \dfrac{1}{e^{ax+b}}}$$

现在执行下列假设：

$$X = e^{ax+b}$$

整个网购的逻辑函数将如下所示：

$$P = \frac{1}{1 + \dfrac{1}{e^{ax+b}}} = \frac{1}{1 + \dfrac{1}{X}}$$

现在将分子与分母乘以 X，可以得到下列结果：

$$P = \frac{1}{1 + \dfrac{1}{e^{ax+b}}} = \frac{1}{1 + \dfrac{1}{X}} = \frac{X}{X + 1}$$

上述公式可以简化为：

$$P = \frac{X}{X + 1}$$

将右边分母的 $(X+1)$ 移至左边，可以得到下列结果：

$$P(X + 1) = X$$

将左边公式展开：

$$PX + P = X$$

将左边的 PX 移至右边：

$$P = X - PX$$

处理右边公式：

$$P = (1 - P)X$$

将 $(1-P)$ 移至左边：

$$\frac{P}{1-P} = X$$

因为先前假设 $X = e^{ax+b}$，代入上述公式，可以得到下列结果：

$$\frac{P}{1-P} = e^{ax+b}$$

将自然对数 $\log_e$ 应用在等号两边：

$$\log_e \frac{P}{1-P} = \log_e e^{ax+b}$$

注　自然对数 $\log_e$ 可以用 $\log$ 或 $\ln$ 表示。

简化上述公式，可以得到下列结果：

$$\ln \frac{P}{1-P} = ax + b$$

其实上述就是 logit 函数。

logit 函数与逻辑函数是彼此的反函数。

17-4-3　使用 logit 函数获得系数

接下来要计算网购的回购率，可以将相关系数代入下列函数：

$$\ln \frac{P}{1-P} = ax + b$$

❑ 计算 $ax+b$ 的 a、b 系数

上述公式 P 是已知，x 也是已知，我们要计算系数 a、b。关于网购，可以知道当消费过程没有任何差错时回购率是 40%，此时已知参数如下：

$P = 0.4$
$x = 0$　　　　　　　# 差错次数

我们获得下列公式：

$$a * 0 + b = \ln \frac{0.4}{1-0.4} = -0.405$$

因为左边是 $a * 0 + b = b$，所以最后得到 $b = -0.405$。

另一个网购的信息是当有 1 个差错时，回购率是 15%，此时已知参数如下：

$P = 0.15$
$x = 1$　　　　　　　# 差错次数

我们获得下列公式：

$$a * 1 + b = \ln \frac{0.15}{1 - 0.15} = -1.735$$

因为已知 $b = -0.405$，所以 a 的公式如下：

$a = -1.735 + 0.405 = -1.33$

❑ 预算回购率

由于已经知道 a、b 的值，现在可以将系数值代入下列公式：

$$P = \frac{1}{1 + e^{-(ax+b)}} = \frac{1}{1 + \dfrac{1}{e^{ax+b}}}$$

由于我们现在要计算当出错 2 次时，消费者的回购率，这时相当于将 2 代入 x，所以上述公式所使用的相关变量如下：

$x = 2$

$a = -1.33$

$b = -0.405$

下列是将变量代入后的计算结果：

$$P = \frac{1}{1 + \dfrac{1}{e^{ax+b}}} = \frac{1}{1 + \dfrac{1}{e^{-1.33*2-0.405}}} = \frac{1}{1 + \dfrac{1}{e^{-3.065}}} \approx \frac{1}{1 + 21.434} \approx 4.46\%$$

从上述可以得到，当出错 2 次时，消费者的回购率是 4.46%，如果要计算出错 3 次或更多次的回购率，将出错次数代入 x 变量即可。

第 18 章

三角函数

第 7 章就有与三角形相关的几何概念，本章将做更完整的解说。

18-1 直角三角形的边长与夹角

所谓的直角三角形是指一个三角形中有一个角是 90 度，如下所示：

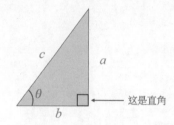

假设直角三角形的外观如上，则可以知道此直角三角形的特征如下：

边长：有 a、b、c 等 3 个边长。

边长的名词：a 是高、b 是底、c 是斜边。

上述也定义了夹角关系：

直角：a（高）与 b（底）的夹角是直角。

θ：这是 b 与 c 的夹角，可以念作 Theta。

因为三角形的 3 个角加总是 180 度，减掉直角，可以得到 a 与 c 的夹角是 90°-θ。

上述直角三角形有一个特色，只要 θ 角度不变，某一个边更改边长，其他 2 个边长将成比例更改。

18-2 三角函数的定义

三角函数定义了下列数学领域常用的关系式：

$$\sin\theta = \frac{高}{斜边} = \frac{a}{c}$$

$$\cos\theta = \frac{底}{斜边} = \frac{b}{c}$$

$$\tan\theta = \frac{高}{底} = \frac{a}{b}$$

有了上述三角函数，现在只要知道一个边长与角度，就可以推算其他 2 个边长。例如：有一

个直角三角形如下：

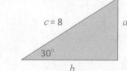

$a = c * \sin30° = 8 * 0.5 = 4$

$b = c * \cos30° = 8 * \dfrac{\sqrt{3}}{2} = 6.928$

有关上述 sin30° 与 cos30° 的计算方式，笔者未来会用 Python 实例解说。

18-3　计算三角形的面积

中学数学中，我们学过三角形面积计算公式如下：

（底 * 高）/ 2

18-3-1　计算直角三角形面积

下面是用两个相同的直角三角形，适度组合形成矩形，这时底和高就成了矩形的两个边。

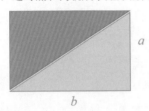

从上图可知，$(a * b) / 2$ 可以得到一个直角三角形的面积。

18-3-2　计算非直角三角形面积

有一个非直角三角形，假设高是 a，底是 b，如下所示：

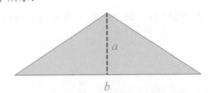

上述面积也是（底 * 高）/ 2，相当于 $(a * b)/2$。我们可以复制三角形，裁切拼贴后得到下列结果：

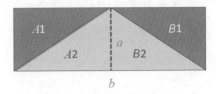

上述 A1 三角形面积等于 A2 三角形面积，B1 三角形面积等于 B2 三角形面积，所以我们验证了对于非直角三角形，也是使用（底 * 高）/ 2 计算面积。

有一个三角形数据如下：

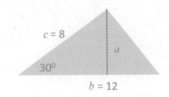

计算上述非直角三角形面积时，首先必须计算高度 a，从上述数据可以得到下列公式：

$a = c * \sin(30°) = 8 * 0.5 = 4$
$\text{area} = b * a / 2 = 4 * 12 / 2 = 24$

所以我们获得了上述非直角三角形面积是 24。

18-4　角度与弧度

18-4-1　角度的由来

假设我们定义一个圆绕一圈是 360 度，现在将这一圈分成 360 等份，则每一等份是 1 度。在数学领域如果再将 1 度分成 60 等份，则称 1 分。如果再将 1 分分成 60 等份，则称 1 秒。

不过最常用的单位还是度。

18-4-2 弧度的由来

弧度又称径度，通常是没有单位，一般是用 rad 代表。

对一个半径为 r 的圆而言，此圆的圆周长是 $2\pi r$，计算圆周长与圆半径的比，可以得到 2π，所以一个圆的弧度就是 2π。

18-4-3 角度与弧度的换算

角度 360 度对应的弧度是 2π，下列是常见的角度、弧度转换表。

角度值	弧度值	角度值	弧度值
30	$\frac{\pi}{6}$	120	$\frac{2\pi}{3}$
45	$\frac{\pi}{4}$	135	$\frac{3\pi}{4}$
60	$\frac{\pi}{3}$	150	$\frac{5\pi}{6}$
90	$\frac{\pi}{2}$	180	π

程序实例 ch18_1.py：列出角度值为 30、45、60、120、135、150、180 的角的弧度值。

```
1  # ch18_1.py
2  import math
3
4  degrees = [30, 45, 60, 90, 120, 135, 150, 180]
5  for degree in degrees:
6      print('角度值 = {0:3d},    弧度值= {1:6.3f}'.format(degree, math.pi*degree/180))
```

执行结果

```
========= RESTART: D:\Python Machine Learning Math\ch18\ch18_1.py =========
角度值 =  30,    弧度值 =  0.524
角度值 =  45,    弧度值 =  0.785
角度值 =  60,    弧度值 =  1.047
角度值 =  90,    弧度值 =  1.571
角度值 = 120,    弧度值 =  2.094
角度值 = 135,    弧度值 =  2.356
角度值 = 150,    弧度值 =  2.618
角度值 = 180,    弧度值 =  3.142
```

18-4-4 圆周弧长的计算

所谓的弧长是指圆周上曲线的长度，若是以下图为例，就是蓝色加粗曲线。

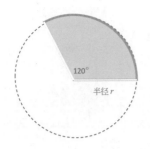

上述弧长的计算公式如下：

$$2 * \pi * r * \frac{120}{360} = \frac{240}{360}\pi r = \frac{2}{3}\pi r$$

下列是计算圆形弧长的通用公式，假设角度是 θ：

$$2 * \pi * r * \frac{\theta}{360} = \frac{\theta}{180}\pi r$$

程序实例 ch18_2.py：计算半径是 10 厘米，角度值是 30、60、90、120 的对应弧长值。

```
1  # ch18_2.py
2  import math
3
4  degrees = [30, 60, 90, 120]
5  r = 10
6  for degree in degrees:
7      curve = 2 * math.pi * r * degree / 360
8      print('角度值 {0:3d}, 弧长值 = {1:6.3f}'.format(degree, curve))
```

执行结果

```
===== RESTART: D:\Python Machine
角度值 =  30,  弧长值 =  5.236
角度值 =  60,  弧长值 = 10.472
角度值 =  90,  弧长值 = 15.708
角度值 = 120,  弧长值 = 20.944
```

18-4-5 计算扇形面积

假设圆半径是 r，扇形角度是 θ，扇形面积计算公式如下：

$$\pi * r^2 * \frac{\theta}{360}$$

程序实例 ch18_3.py：计算半径是 10 厘米，角度值是 30、60、90、120 的对应扇形面积值。

```
1  # ch18_3.py
2  import math
3
4  degrees = [30, 60, 90, 120]
5  r = 10
6  for degree in degrees:
7      area = math.pi * r * r * degree / 360
8      print('角度值={0:3d}, 扇形面积值 = {1:6.3f}'.format(degree, area))
```

执行结果

```
===== RESTART: D:\Python Machine
角度值 =  30,  扇形面积值 =  26.180
角度值 =  60,  扇形面积值 =  52.360
角度值 =  90,  扇形面积值 =  78.540
角度值 = 120,  扇形面积值 = 104.720
```

18-5 程序处理三角函数

一般使用角度描述三角函数，例如：

sin30°

cos30°

tan30°

在程序语言中则是使用弧度处理三角函数，所以在程序设计时，我们会先将角度转成弧度。

程序实例 ch18_4.py：每隔 30°，列出角度的弧度与 sin() 和 cos() 的值。

```
1  # ch18_4.py
2  import math
3
4  degrees = [x*30 for x in range(0,13)]
5  for d in degrees:
6      rad = math.radians(d)
7      sin = math.sin(rad)
8      cos = math.cos(rad)
9      print('角度值={0:3d}, 弧度值={1:5.2f},sin{2:3d}={3:5.2f},cos{4:3d}={5:5.2f}'
10             .format(d, rad, d, sin, d, cos))
```

执行结果

```
======== RESTART: D:/Python Machine Learning Math/ch18
角度值=  0, 弧度值= 0.00, sin  0= 0.00, cos  0= 1.00
角度值= 30, 弧度值= 0.52, sin 30= 0.50, cos 30= 0.87
角度值= 60, 弧度值= 1.05, sin 60= 0.87, cos 60= 0.50
角度值= 90, 弧度值= 1.57, sin 90= 1.00, cos 90= 0.00
角度值=120, 弧度值= 2.09, sin120= 0.87, cos120=-0.50
角度值=150, 弧度值= 2.62, sin150= 0.50, cos150=-0.87
角度值=180, 弧度值= 3.14, sin180= 0.00, cos180=-1.00
角度值=210, 弧度值= 3.67, sin210=-0.50, cos210=-0.87
角度值=240, 弧度值= 4.19, sin240=-0.87, cos240=-0.50
角度值=270, 弧度值= 4.71, sin270=-1.00, cos270=-0.00
角度值=300, 弧度值= 5.24, sin300=-0.87, cos300= 0.50
角度值=330, 弧度值= 5.76, sin330=-0.50, cos330= 0.87
角度值=360, 弧度值= 6.28, sin360=-0.00, cos360= 1.00
```

18-6 从单位圆看三角函数

假设有一个圆，半径是 1，圆周上有一个点 P，如下所示：

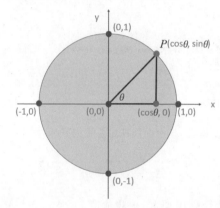

因为半径是 1，所以我们可以得到此 P 点的坐标是 $(\cos\theta, \sin\theta)$，有了以上概念，我们可以在圆上标注许多点。

程序实例 ch18_5.py：在圆周上每隔 30° 标注点。

```
1  # ch18_5.py
2  import matplotlib.pyplot as plt
3  import math
4
5  degrees = [x*15 for x in range(0,25)]
6  x = [math.cos(math.radians(d)) for d in degrees]
7  y = [math.sin(math.radians(d)) for d in degrees]
8
9  plt.scatter(x,y)
10 plt.axis('equal')
11 plt.grid()
12 plt.show()
```

执行结果

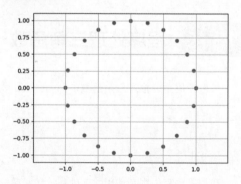

程序实例 ch18_6.py：使用三角函数绘制半径是 1 的圆。

```
1   # ch18_6.py
2   import matplotlib.pyplot as plt
3   import numpy as np
4
5   degrees = np.arange(0, 360)
6   x = np.cos(np.radians(degrees))
7   y = np.sin(np.radians(degrees))
8
9   plt.plot(x,y)
10  plt.axis('equal')
11  plt.grid()
12  plt.show()
```

执行结果

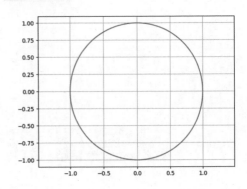

第19章
从基础统计了解大型
运算符

本章主要是从基础统计讲解大型运算符 $\sum$ (Sigma) 的概念，这个概念对于未来机器学习中计算多维向量、偏微分将会有极大的帮助。

19-1　加总消费金额

假设我们想统计某工作日便利店的总消费金额，可以使用下列公式：

总消费金额 $= x_1 + x_2 + \cdots + x_n$

上述 x_1 代表第 1 位客户的消费金额，x_2 代表第 2 位客户的消费金额，x_n 代表第 n 位客户的消费金额。

在数学的应用中有一个加总（或称求和）符号 $\sum$，这个符号念 Sigma，对于上述总消费金额，可以使用下列公式表达：

$$\sum_{i=1}^{n} x_i = x_1 + x_2 + \cdots + x_n$$

上述表示第 1 位至第 n 位客户的消费金额的加总。

注　上述数据表达方式又称级数。

程序实例 ch19_1.py：便利商店 10 位顾客的消费记录如下，请计算总消费金额。

```
66, 58, 25, 78, 58, 15, 120, 39, 82, 50
```

```
1  # ch19_1.py
2
3  x = [66, 58, 25, 78, 58, 15, 120, 39, 82, 50]
4  print('总消费金额 = {}'.format(sum(x)))
```

执行结果

```
========== RESTART: D:\Python
总消费金额 = 591
```

19-2　计算平均单笔消费金额

在统计或数学领域，计算平均值时可以在平均值变量上方增加一条横线，代表平均值，如下所示：

$$\bar{x}$$

上述平均值变量可以读作 x bar，有了这个概念，可以使用下列公式表达平均值：

$$\bar{x} = \frac{1}{n} \sum_{i=1}^{n} x_i = \frac{x_1 + x_2 + \cdots + x_n}{n}$$

程序实例 ch19_2.py：使用 ch19_1.py 的销售数据计算平均消费金额。

```
1  # ch19_2.py
2
3  x = [66, 58, 25, 78, 58, 15, 120, 39, 82, 50]
4  print('平均消费金额 = {}'.format(sum(x)/len(x)))
```

执行结果

```
========== RESTART: D:\Python
平均消费金额 = 59.1
```

在 numpy 模块中有 mean( ) 方法，可以直接建立平均数。

程序实例 ch19_2_1.py：使用 numpy 模块的 mean( ) 方法，建立 ch19_1.py 的销售数据的平均数。

```
1  # ch19_2_1.py
2  import numpy as np
3
4  x = [66, 58, 25, 78, 58, 15, 120, 39, 82, 50]
5  print('平均消费金额 = {}'.format(np.mean(x)))
```

执行结果

与 ch19_2.py 相同。

19-3 方差

方差的英文是 variance，主要是描述系列数据的离散程度，即所有数据与平均值的偏差距离。
假设有 2 组数据如下：

(10, 10, 10, 10, 10)   # 平均值是 10
(15, 5, 18, 2, 10)   # 平均值是 10

从上述计算可以得到两组数据的平均值是 10，当计算两组数据的每个元素与平均值的距离时，
可以得到下列结果：

(0, 0, 0, 0, 0)   # 第一组数据
(5, -5, 8, -8, 0)   # 第二组数据

加总可以得到下列结果：

sum(0, 0, 0, 0, 0) = 0   # 第一组数据
sum(5, -5, 8, -8, 0) = 0   # 第二组数据

从上述可以看到，即使两组数据有极大差异，但是直接加总每个元素与平均值的距离会造成失
真，原因是每个元素的偏差距离有正与负，在加总时正与负之间抵消了，所以正式定义方差时，是
先将每个元素与平均值的距离做平方，然后加总，再除以数据的数量。下列是计算方差的步骤：

（1）计算数据的平均值。

$$\bar{x}$$

（2）计算每个元素与平均值的距离，同时取平方，最后加总。

$$(x_1 - \bar{x})^2 + (x_2 - \bar{x})^2 + \cdots + (x_n - \bar{x})^2$$

（3）方差最后计算公式如下：

$$方差 = \frac{(x_1 - \overline{x})^2 + (x_2 - \overline{x})^2 + \cdots + (x_n - \overline{x})^2}{n}$$

若是使用 Σ 符号，可以得到下列方差公式：

$$方差 = \frac{1}{n}\sum_{i=1}^{n}(x_i - \overline{x})^2$$

程序实例 ch19_3.py：使用 ch19_1.py 的销售数据，计算方差。

```
1  # ch19_3.py
2
3  x = [66, 58, 25, 78, 58, 15, 120, 39, 82, 50]
4  mean = sum(x) / len(x)
5
6  # 计算方差
7  var = 0
8  for v in x:
9      var += ((v - mean)**2)
10 var = var / len(x)
11 print("方差：", var)
```

执行结果

```
=========== RESTART: D:\Python
方差：   823.49
```

在 numpy 模块有 var( ) 方法，可以直接建立方差。

程序实例 ch19_4.py：使用 numpy 模块的 var( ) 方法，建立 ch19_1.py 的销售数据的方差。

```
1  # ch19_4.py
2  import numpy as np
3
4  x = [66, 58, 25, 78, 58, 15, 120, 39, 82, 50]
5  print("方差：",np.var(x))
```

执行结果

与 ch19_3.py 相同。

19-4　标准偏差

标准偏差的英文是 Standard Deviation，缩写是 SD，计算方差后，将方差的结果开根号，可以获得平均距离，所获得的平均距离就是标准偏差。

$$标准偏差 = \sqrt{\frac{1}{n}\sum_{i=1}^{n}(x_i - \overline{x})^2}$$

程序实例 ch19_5.py：使用 ch19_3.py，延伸计算标准偏差。

```
1  # ch19_5.py
2
3  x = [66, 58, 25, 78, 58, 15, 120, 39, 82, 50]
4  mean = sum(x) / len(x)
5
6  # 计算方差
7  var = 0
8  for v in x:
9      var += ((v - mean)**2)
10 sd = (var / len(x))**0.5
11 print("标准偏差 : {0:6.2f}".format(sd))
```

执行结果

```
========= RESTART: D:\Python
标准偏差 :   28.70
```

在 numpy 模块有 std( ) 方法，可以直接建立标准偏差。

程序实例 ch19_6.py：使用 ch19_4.py，延伸计算标准偏差。

```
1  # ch19_6.py
2  import numpy as np
3
4  x = [66, 58, 25, 78, 58, 15, 120, 39, 82, 50]
5  print("标准偏差 : {0:6.2f}".format(np.std(x)))
```

执行结果

与 ch19_5.py 相同。

19-5 Σ符号运算规则与验证

❑ 规则 1

$$\sum_{i=1}^{n}(x_i + y_i) = \sum_{i=1}^{n}x_i + \sum_{i=1}^{n}y_i$$

上述公式证明如下：

$$\sum_{i=1}^{n}(x_i + y_i) = (x_1 + y_1) + (x_2 + y_2) + \cdots + (x_n + y_n)$$
$$= (x_1 + x_2 + \cdots + x_n) + (y_1 + y_2 + \cdots + y_n)$$
$$= \sum_{i=1}^{n}x_i + \sum_{i=1}^{n}y_i$$

上述概念同样可以应用于减法：

$$\sum_{i=1}^{n}(x_i - y_i) = \sum_{i=1}^{n}x_i - \sum_{i=1}^{n}y_i$$

❑ 规则 2

假设 c 是常数，下列公式成立：

$$\sum_{i=1}^{n}cx_i = c\sum_{i=1}^{n}x_i$$

上述公式证明如下：

$$\sum_{i=1}^{n} cx_i = cx_1 + cx_2 + \cdots + cx_n = c(x_1 + x_2 + \cdots + x_n) = c\sum_{i=1}^{n} x_i$$

❏ 规则 3

假设 c 是常数，下列公式成立：

$$\sum_{i=1}^{n} c = nc$$

上述公式证明如下：

$$\sum_{i=1}^{n} c = \underbrace{c + c + \cdots + c}_{n\uparrow c} = nc$$

19-6　活用∑符号

某公司近 10 日的股价如下：

近 10 日编号	股价
1	252
2	251
3	258
4	255
5	248
6	253
7	253
8	255
9	252
10	253

假设我们想要计算上述平均价格，读者可能会想使用下列方式：

(252+251+ … +253) / 10

上述的确是一个方法，但是不容易计算，其实碰上这类问题可以设定一个基准值，将上述每个价格减去基准值，然后加总再求平均值，最后再将此平均值与基准值相加即可。

依据上述概念，假设基准值是 250，我们可以重新建立下列表格：

近 10 日编号	股价	与基准值的差值
1	252	2
2	251	1
3	258	8
4	255	5
5	248	-2
6	253	3
7	253	3
8	255	5
9	252	2
10	253	3

现在可以很容易计算，如下所示：

250 + (2+1+8+5-2+3+3+5+2+3)/10
= 250 + 3
= 253

上述使用实际值减去基准值，再计算平均值，最后与基准值相加，显然容易许多。计算平均值概念若是以$\sum$表达，公式如下：

$$\frac{1}{n}\sum_{i=1}^{n} x_i = c + \frac{1}{n}\sum_{i=1}^{n}(x_i - c)$$

上述公式证明如下：

$$c + \frac{1}{n}\sum_{i=1}^{n}(x_i - c) = c + \frac{1}{n}\left(\sum_{i=1}^{n} x_i - \sum_{i=1}^{n} c\right)$$

$$= c + \frac{1}{n}\sum_{i=1}^{n} x_i - \frac{1}{n}nc$$

$$= c + \frac{1}{n}\sum_{i=1}^{n} x_i - c$$

$$= \frac{1}{n}\sum_{i=1}^{n} x_i$$

第20章

机器学习的向量

向量 (Vector) 在机器学习中扮演着非常重要的角色，本章将详细解说。

20-1 向量的基础概念

20-1-1 认识标量

单纯的一个数字，只有大小没有方向，可以用实数表达，在数学领域称标量 (Scalar)。例如：10 就是一个标量。标量的实例有购买金额、温度、体积等。

其实标量的称呼主要是和向量做区别。

20-1-2 认识向量

过去向量一词是数学、物理学的常用名词，如今人工智能、机器学习、深度学习兴起，向量也成了这个领域很重要的名词。

向量是一个同时具有大小与方向的对象。

以二维空间的平面坐标而言，向量包含了 2 个元素，分别是 x 轴坐标与 y 轴坐标。对于三维空间的坐标而言，向量则包含 3 个元素，分别是 x 轴坐标、y 轴坐标与 z 轴坐标。

对我们而言，二维、三维是可以看见与想象的事物，但是实际上，向量可以扩充到 n 维空间，这时一个向量的元素个数是 n 个，不过读者不用担心，笔者将详细解说。

20-1-3 向量表示法

下列是以二维空间再逐步扩充至 n 维空间的向量表示法：

❑ 以箭头表示

向量可以使用含箭头的线条表示，线条长度代表向量大小，箭头表示向量方向，下列是大小与方向均不同的向量。

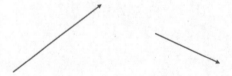

下列是大小与方向均相同的向量，不过位置不同，在数学领域不同位置没关系，这是相同的向量，又称等向量 (Identical Vector)。

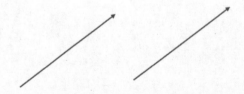

❑　文字表示

在数学领域有时候可以用英文字母上方加上向右箭头代表向量，例如：下列是向量 $\vec{a}$：

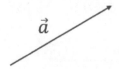

❑　含起点与终点

有时候也可以用起点与终点的英文字母代表向量，当然英文字母上方须加上向右箭头：

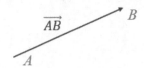

须留意向量是有方向性，所以向量 $\overrightarrow{AB}$ 不可以写成 $\overrightarrow{BA}$。

❑　位置向量

在一个坐标上有 2 个向量如下：

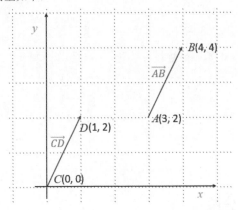

从坐标点 $A(3，2)$ 至 $B(4，4)$ 是向量 $\overrightarrow{AB}$，向量的位置是不重要的，所以我们可以将 $\overrightarrow{AB}$ 与 $\overrightarrow{CD}$ 视为是相同的向量，像这样起点在坐标原点 $(0，0)$ 的向量我们称之为位置向量。

在位置向量中，我们以下列方式表达向量 $\overrightarrow{CD}$：

$$\overrightarrow{CD} = (1, 2)$$

或是不加逗点：

$$\overrightarrow{CD} = (1\ \ 2)$$

或是：

$$\overrightarrow{CD} = \begin{pmatrix} 1 \\ 2 \end{pmatrix}$$

❑ 机器学习常见的向量表示法

机器学习常常需要处理 n 维空间的数学，使用含起点与终点的英文字母代表向量太复杂，为了简化常常只用一个英文字母表示向量，不过这个字母会用粗体显示，如下所示：

a

若是以 *a* 表示向量 $\overrightarrow{CD}$，此向量的表示方式如下：

a = (1 2)

粗体显示向量也有缺点，因为有时会不易辨别，所以本书对于向量部分，除了粗体另外会用蓝色显示。

❑ 向量的分量

在二维空间的坐标轴概念中，x 和 y 坐标就是此向量的分量。

❑ n 维空间向量

机器学习的 n 维空间向量表示法如下：

$a = (a_1 \ a_2 \ \cdots \ a_n)$

$b = (b_1 \ b_2 \ \cdots \ b_n)$

$c = (c_1 \ c_2 \ \cdots \ c_n)$

❑ 零向量

向量的每一个元素皆是 0，称零向量 (Zero Vector)，可以用下列方式表示：

0 = (0 0 $\cdots$ 0)

或是

$\vec{0}$

有一点需要留意的是零向量仍是有方向性，但是方向不定。

20-1-4 计算向量分量

有一个二维坐标的向量如下：

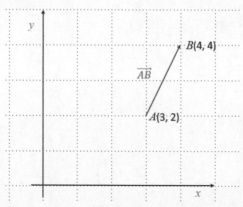

计算 $\overrightarrow{AB}$ 的分量，假设点 A 坐标是 $(x1，y1)$，点 B 坐标是 $(x2，y2)$，可以使用下列方法：

$(x2\ y2) - (x1\ y1)$

运算方式如下：

$(4\ 4) - (3\ 2) = (1\ 2)$

其实上述 $(1\ 2)$ 也就是此真实的位置向量，下列是 Python 操作：

```
>>> import numpy as np
>>> a = np.array([3, 2])
>>> b = np.array([4, 4])
>>> b - a
array([1, 2])
```

20-1-5　相对位置的向量

有一个坐标图形如下：

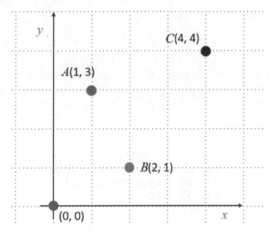

对于上述 A、B、C3 个点而言，相较于原点，这些点的向量如下：

$a = (1\ 3)$

$b = (2\ 1)$

$c = (4\ 4)$

对于 A 点而言，从 A 到 B 的向量是 $(2\ 1) - (1\ 3) = (1{-}2)$；

对于 A 点而言，从 A 到 C 的向量是 $(4\ 4) - (1\ 3) = (3{-}1)$。

可以参考下图：

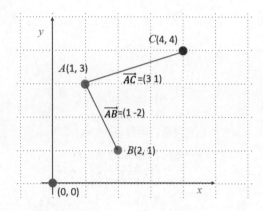

对于 B 点而言，从 B 到 C 的向量是 $(4\ 4) - (2\ 1) = (2\ 3)$。

20-1-6　不同路径的向量运算

沿用上一节的图，假设现在从 A 经过 B 到 C，向量计算方式如下：

$$\vec{AB} + \vec{BC}$$

```
(1 -2) + (2 3) = (3 1)
```

其实上述计算结果就是从 A 到 C 的向量，所以我们可以得到下列结果：

$$\vec{AB} + \vec{BC} = \vec{AC}$$

下列是 Python 操作：

```
>>> import numpy as np
>>> ab = np.array([1, -2])
>>> bc = np.array([2, 3])
>>> ab + bc
array([3, 1])
```

20-2　向量加法的规则

本节将使用下列 n 维空间的向量做说明：

$$a = (a_1\ a_2\ \cdots\ a_n)$$

$$b = (b_1\ b_2\ \cdots\ b_n)$$

$$c = (c_1\ c_2\ \cdots\ c_n)$$

❑　相同维度的向量可以相加

所以 n 维空间的向量加法概念如下：

$$a + b = (a_1+b_1\ a_2+b_2\ \cdots\ a_3+b_3)$$

不同维度的向量无法相加。

❑ 向量加法符合交换律概念

交换律 (Commutative Property) 是常用的数学名词，意义是改变顺序不改变结果。

$$a + b = b + a$$

❑ 向量加法符合结合律概念

结合律 (Associative Laws) 是常用的数学名词，意义是一个含有 2 个以上可以结合的数字的公式，数字的位置没有变，结果不会改变。

$$(a + b) + c = a + (b + c)$$

读者须留意，下列就不符合结合律，因为 a 和 b 的位置互换了。

$$(a + b) + c = (b + a) + c$$

❑ 向量与零向量相加结果不会改变

有一个向量相加公式如下：

$$a + z = a$$

则我们称 z 是零向量，此 z 又可以标记为 0。

❑ 向量与反向量相加结果是零向量

反向量 (Opposite Vector) 是指大小相等，但是方向相反的向量。假设下列公式成立，则 a 与 b 互为反向量。

$$a + b = 0$$

有时候也可以用 $-a$ 当作 a 的反向量。

```
>>> import numpy as np
>>> a = np.array([3, 2])
>>> -a
array([-3, -2])
```

❑ 向量与标量相乘

一个向量 a 与标量 c 相乘，相当于将 c 乘以每个向量元素，如下所示：

$$c * a = (ca_1 \ ca_2 \ \cdots \ ca_3)$$

```
>>> import numpy as np
>>> a = np.array([3, 2])
>>> 3 * a
array([9, 6])
```

❑ 向量除以标量

可以想象成将向量乘以标量的倒数。

❑ 向量相加再乘以标量或是标量相加再乘以向量

上述概念符合分配律规则，假设 x、y 是标量，则有如下公式：

$$(x + y) * a = xa + ya$$

$$x (a + b) = xa + xb$$

❑ 标量与向量相乘也符合结合律

上述概念符合结合律规则，假设 x、y 是标量，则有如下公式：

$$(xy) a = x (ya)$$

❑ 向量乘以 1

可以得到原来的向量。

$$a * 1 = a$$

❑ 向量乘以 −1

可以得到原来向量的反向量。

$$a * (-1) = -a$$

下列是 Python 实例。

```
>>> import numpy as np
>>> a = np.array([3, 2])
>>> a * -1
array([-3, -2])
```

❑ 向量乘以 0

可以得到零向量。

$$a * 0 = 0$$

❑ 向量相减

如果向量相减，相当于加上反向量。

$$a - b = a + (-b)$$

下列是 Python 实例。

```
>>> import numpy as np
>>> a = np.array([3, 2])
>>> b = np.array([2, 1])
>>> a - b
array([1, 1])
```

20-3 向量的长度

向量的长度可以使用第 7 章的勾股定理执行计算，有一个坐标系如下：

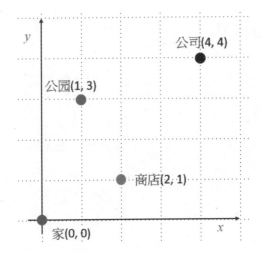

从家到公园的距离 = $\sqrt{1^2 + 3^2} = \sqrt{10}$

从商店到公司的距离 = $\sqrt{(4-2)^2 + (4-1)^2} = \sqrt{2^2 + 3^2} = \sqrt{13}$

假设有一个向量 a，此向量长度的表示法如下：

$$|a|$$

或是

$$\|a\|$$

对于一个 n 维空间的向量 a 而言，此向量长度的计算方式如下：

$$\|a\| = \sqrt{a_1{}^2 + a_2{}^2 + \cdots + a_n{}^2}$$

有关向量长度可以使用 numpy 的 linalg 模块的 norm( ) 方法处理，下列是求家到公园的距离的实例。

```
>>> import numpy as np
>>> park = np.array([1, 3])
>>> norm_park = np.linalg.norm(park)
>>> norm_park
3.1622776601683795
```

下列是求商店到公司的距离的实例。

```
>>> import numpy as np
>>> store = np.array([2, 1])
>>> office = np.array([4, 4])
>>> store_office = office - store
>>> norm_store_office = np.linalg.norm(store_office)
>>> norm_store_office
3.605551275463989
```

20-4 向量方程式

所谓向量方程式是使用向量表示图形的一个方程式，本节将详细解说。

20-4-1 直线方程式

两个点可以构成一条线，对于向量而言，构成一条线需要向量方向与一个点，可以参考下列图例：

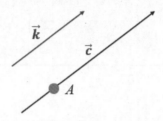

注　图形中用小写字母加向右箭头代表向量，下列文字中用蓝色、粗体、小写字母代表向量。

上述是通过 A 点与向量 k 平行的线条，其实通过 A 点又和向量 k 平行的线条也只有这一条，假设它是向量 c，那么这一条向量可以用 pk 表示，p 是常量。

$$c = pk$$

用坐标系考虑上述图形，则得到如下结果：

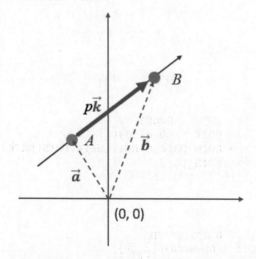

有了上述坐标图形，我们可以得到下列公式：

$$b = a + pk \qquad\qquad\qquad \text{\# } p \text{ 是常数}$$

上述就是用向量代表直线的向量方程式。

假设 A 点与 B 点的坐标分别是 $(-1, 2)$ 和 $(1, 4)$，则上述坐标图形表达如下：

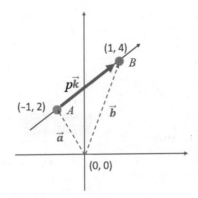

从上图可以得到 k 向量如下，为了方便处理 x 和 y 轴系数，笔者使用下列方式表达向量：

$$k = \binom{1-(-1)}{4-2} = \binom{2}{2}$$

由于 a 向量是 (-1，2)，可以用下列表示：

$$a = \binom{-1}{2}$$

将上述数值代入下列公式：

$b = a + pk$ # p 是常数

可以得到下列结果。

$$\binom{x}{y} = \binom{-1}{2} + p\binom{2}{2}$$

可以得到下列联立方程式：

$x = -1 + 2p$ # 公式 1
$y = 2 + 2p$ # 公式 2

将公式 1 减去公式 2，可以得到下列结果。

$x - y = -3$

推导可以得到：

$y = x + 3$

这个就是直线方程式了，我们可以得到斜率是 1，y 截距是 3。

20-4-2　Python 实践连接两点的方程式

现在我们使用 Python 计算连接 (-1，2) 和 (1，4) 两点的直线，将这两个点代入下列公式：

$y = ax + b$

可以得到下列联立方程式：

$$2 = -a + b$$
$$4 = a + b$$

程序实例 ch20_1.py：计算 a 和 b 的值。

```
1   # ch20_1.py
2   from sympy import Symbol, solve
3
4   a = Symbol('a')
5   b = Symbol('b')
6   eq1 = -a + b -2
7   eq2 = a + b - 4
8   ans = solve((eq1, eq2))
9   print('a = {}'.format(ans[a]))
10  print('b = {}'.format(ans[b]))
```

执行结果

```
========= RESTART: D:/Python
a = 1
b = 3
```

20-4-3 使用向量建立回归直线的理由

对于二维空间的线性方程式而言，我们已经熟悉了，三维空间的线性方程式如下：

$$ax + by + cz + d = 0$$

公式计算会变得比较复杂，但是如果使用向量，所使用的公式完全相同。

$$b = a + pk \qquad\qquad \text{\# } p \text{ 是常数}$$

至于向量 k 则是增加一个分量，如下所示：

$$k = \begin{pmatrix} x \\ y \\ z \end{pmatrix}$$

或是我们使用 20-2 节的表达方式：

$$k = (k_1 \ k_2 \ k_3)$$

上述概念可以扩展到 n 维空间。

20-5 向量内积

这一节笔者将一步一步解析向量内积的所有概念。

20-5-1 协同工作的概念

车子坏了，需要两个人拖这辆车子，相关图形如下：

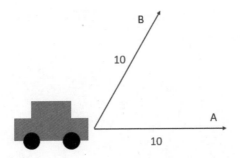

　　A 往水平方向用了 10 分的力气在拖车，B 也是用了 10 分的力气往如上图所示的方向在拖车。如果 B 也是往水平方向拖车，所使用的 10 分力气就会完全贡献给 A，那么现在究竟 B 贡献了多少力气给 A？

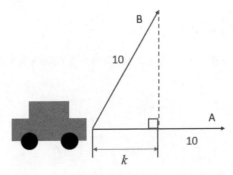

　　如上图所示绘制一条垂直线，这时可以构成一个直角三角形，此三角形底边的 k 的长度就是 B 所贡献给 A 的力气。在上述 B 协助拖车辆的图形中，如果 B 越靠近 A，k 值越长，对 A 的帮助越大，可以参考下图。

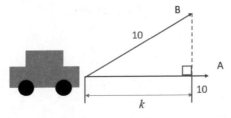

　　B 离 A 越远，k 值越小，对 A 的帮助越小，可以参考下图。

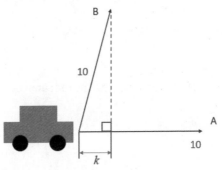

如果 B 的方向与 A 的方向是 90 度，则是完全没有帮忙；如果是超过 90 度，则是在帮倒忙，可以参考下图。

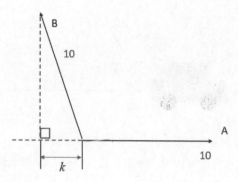

20-5-2　计算 B 所帮的忙

请参考下图，假设 B 所使用的力气是向量 b，则 B 所贡献的力气 k 的计算方式可以参考三角函数的 cos()，如下所示：

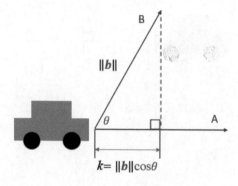

因为：

$$\cos\theta = \frac{k}{\|b\|}$$

所以：

$$k = \|b\|\cos\theta$$

假设 B 施力的方向与 A 施力的方向角度是 60 度，假设所施的力大小是 10，则可以用下列方式计算 k 值。

```
>>> import math
>>> 10 * math.cos(math.radians(60))
5.000000000000001
```

20-5-3　向量内积的定义

向量内积的英文是 inner product，数学表示方法如下：

$$a \cdot b$$

可以念作 a dot b，向量内积的计算结果是标量。

❑ 几何定义

几何角度向量内积的定义是两个向量的大小与它们夹角的余弦值的乘积，概念如下：

$$\|a\|\|b\|\cos\theta$$

请再看一次下列坐标图：

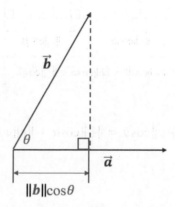

看了内积的几何定义，我们可以了解向量内积另一层解释是，第一个向量投影到第二个向量的长度，乘以第二个向量的长度。

所以向量内积的公式如下：

$$a \cdot b = \|a\|\|b\|\cos\theta$$

在应用上向量内积有几个规则是成立的：

（1）交换律成立：

$$a \cdot b = b \cdot a$$

不论是向量 a 投影到向量 b 或是向量 b 投影到向量 a，皆可以得到下列结果公式。

$$a \cdot b = b \cdot a = \|a\|\|b\|\cos\theta$$

（2）分配律成立：

$$a \cdot (b + c) = a \cdot b + a \cdot c$$

请参考下列图形：

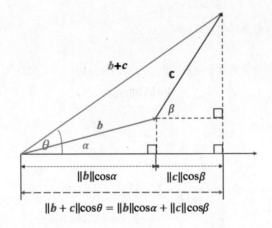

$$\|b + c\|\cos\theta = \|b\|\cos\alpha + \|c\|\cos\beta$$

从上述图形可以看到下列最重要的公式。

$$\|b + c\|\cos\theta = \|b\|\cos\alpha + \|c\|\cos\beta$$

所以分配律成立。

❏ 代数定义

内积的代数定义是，对两个等长的向量，每组对应的元素求积，然后再求和。假设向量 a 与 b 数据如下：

$$a = (a_1 \ a_2 \ \cdots \ a_n)$$
$$b = (b_1 \ b_2 \ \cdots \ b_n)$$

向量内积定义如下：

$$a \cdot b = \sum_{i=1}^{n} a_i b_i = a_1 b_1 + a_2 b_2 + \cdots + a_n b_n$$

如果是二维空间，相当于定义如下：

$$a \cdot b = a_1 b_1 + a_2 b_2$$

假如两个向量是 (1 3)、(4 2)，向量内积计算方式如下：

```
1*4 + 3*2 = 10
```

计算向量内积可以使用 numpy 模块的 dot( ) 方法，下列是使用相同数据计算的内积结果。

```
>>> import numpy as np
>>> a = np.array([1, 3])
>>> b = np.array([4, 2])
>>> np.dot(a, b)
10
```

❑ 代数定义与几何定义相等

因为代数定义与几何定义相等，所以可以得到下列公式：

$$\boldsymbol{a} \cdot \boldsymbol{b} = \|\boldsymbol{a}\|\|\boldsymbol{b}\|cos\theta = a_1 b_1 + a_2 b_2$$

接下来笔者要证明代数定义与几何定义是相同的，假设有两个向量 $x(1\ 0)$ 与 $y(0\ 1)$ 长度皆是 1。从坐标可以计算长度如下：

$$\|x\| = \sqrt{1^2 + 0^2} = 1$$
$$\|y\| = \sqrt{0^2 + 1^2} = 1$$

由于 x 与 y 的夹角是 90 度，所以可以得到下列推导结果：

$$x \cdot y = \|x\|\|y\|\cos\frac{\pi}{2} = 1 \cdot 1 \cdot 0 = 0$$

$$\uparrow$$

角度90度转弧度

上述概念也可以用在 $\boldsymbol{y} \cdot \boldsymbol{x}$ 。

因为 x 与 x 的夹角是 0，所以可以得到下列结果。

$$x \cdot x = \|x\|\|x\|\cos 0 = 1 \cdot 1 \cdot 1 = 1$$

上述概念也可以用在 $\boldsymbol{y} \cdot \boldsymbol{y}$ 。

现在使用下列方式表示向量 a 和 b 。

$$a = (a_1 \ a_2) = a_1 x + a_2 y$$
$$b = (b_1 \ b_2) = b_1 x + b_2 y$$

接着可以执行推导：

$$\boldsymbol{a} \cdot \boldsymbol{b} = (a_1 x + a_2 y) \cdot (b_1 x + b_2 y)$$

展开可以得到下列结果：

$$= a_1 b_1 \underset{\uparrow}{x \cdot x} + a_1 b_2 \underset{\uparrow}{x \cdot y} + a_2 b_1 \underset{\uparrow}{y \cdot x} + a_2 b_2 \underset{\uparrow}{y \cdot y}$$
$$\quad\quad 1 \quad\quad\quad 0 \quad\quad\quad 0 \quad\quad\quad 1$$

所以可以得到下列推导结果。

$$= a_1 b_1 + a_2 b_2$$

20-5-4 两条直线的夹角

继续推导前一节的公式可以得到下列公式：

$$\cos\theta = \frac{a_1 b_1 + a_2 b_2}{\|a\|\|b\|}$$

有了上述公式，相当于坐标上有 2 个向量，可以利用上述概念计算这 2 个向量的夹角。

程序实例 ch20_2.py：假设坐标平面有 A、B、C、D 四个点，这四个点的坐标如下：

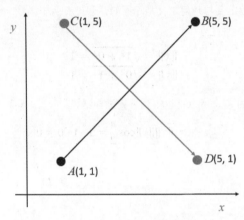

请计算 $\overrightarrow{AB}$ 与 $\overrightarrow{CD}$ 这两个向量的夹角。

```
1  # ch20_2.py
2  import numpy as np
3  import math
4
5  a = np.array([1, 1])
6  b = np.array([5, 5])
7  c = np.array([1, 5])
8  d = np.array([5, 1])
9
10 ab = b - a
11 cd = d - c
12
13 norm_a = np.linalg.norm(ab)       # 计算向量大小
14 norm_b = np.linalg.norm(cd)       # 计算向量大小
15
16 dot_ab = np.dot(ab, cd)           # 计算向量内积
17
18 cos_angle = dot_ab / (norm_a * norm_b)  # 计算cos值
19 rad = math.acos(cos_angle)        # acos转成弧度
20 deg = math.degrees(rad)           # 转成角度
21 print('角度是 = {}'.format(deg))
```

执行结果

```
========== RESTART: D:/Python
角度是 = 90.0
```

上述第 18 行我们计算了 $\cos\theta$，因为要计算角度，所以第 19 行使用 math 数学模块的 acos( ) 计算 $\cos\theta$ 的弧度，第 20 行则是将弧度转成角度。20-5-6 节笔者会进一步解说向量夹角的相关应用。

20-5-5 向量内积的性质

请再看一次下列公式：

$$\cos\theta = \frac{a_1 b_1 + a_2 b_2}{\|a\|\|b\|}$$

上述分母是向量长度，所以一定大于 0，可以推导得到下列关系：

向量内积是正值，两向量的夹角小于 90 度。

向量内积是 0，两向量的夹角等于 90 度。

向量内积是负值，两向量的夹角大于 90 度。

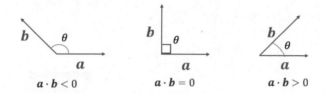

上述夹角常应用在 3D 游戏设计中，假设玩家观测点在超过 90 度的角度才看得到角色动画表情，就需要绘制；当角度小于 90 度时，玩家看不到角色动画表情，表示可以不用绘制。

20-5-6　余弦相似度

假设有 a、b 两个向量，可以参考下图，假设 a 向量是水平方向往右。

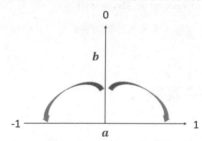

当 a 与 b 向量内积是 0 时，两向量是垂直相交，也可以参考上图。当向量内积值往 1 靠近时，b 向量方向则也会靠近 a 向量。如果向量内积是 1 时，表示两个向量方向相同。如果向量内积是 -1，表示两个向量方向相反。使用这个特性，可以判断两个向量的相似程度，也称余弦相似度 (cosine similarity)。

$$余弦相似度 \text{ (cosine similarity)} = \cos\theta = \frac{a_1 b_1 + a_2 b_2}{\|a\|\|b\|}$$

程序实例 ch20_3.py：判断下列句子的相似度。

（1）机器与机械。

（2）学习机器码。

（3）机器人学习。

下表是每个单字出现的次数。

编号	句子	机	器	与	械	学	习	码	人
1	机器与机械	2	1	1	1	0	0	0	0
2	学习机器码	1	1	0	0	1	1	1	0
3	机器人学习	1	1	0	0	1	1	0	1

这时可以建立下列向量：

a = (2 1 1 1 0 0 0 0)

b = (1 1 0 0 1 1 1 0)

c = (1 1 0 0 1 1 0 1)

```python
1  # ch20_3.py
2  import numpy as np
3
4  def cosine_similarity(va, vb):
5      norm_a = np.linalg.norm(va)       # 计算向量大小
6      norm_b = np.linalg.norm(vb)       # 计算向量大小
7      dot_ab = np.dot(va, vb)           # 计算向量内积
8      return (dot_ab / (norm_a * norm_b))  # 回传相似度
9
10 a = np.array([2, 1, 1, 1, 0, 0, 0, 0])
11 b = np.array([1, 1, 0, 0, 1, 1, 1, 0])
12 c = np.array([1, 1, 0, 0, 1, 1, 0, 1])
13 print('a 和 b 相似度 = {0:5.3f}'.format(cosine_similarity(a, b)))
14 print('a 和 c 相似度 = {0:5.3f}'.format(cosine_similarity(a, c)))
15 print('b 和 c 相似度 = {0:5.3f}'.format(cosine_similarity(b, c)))
```

执行结果

```
========== RESTART: D:/Python
a 和 b 相似度 = 0.507
a 和 c 相似度 = 0.507
b 和 c 相似度 = 0.800
```

其实上述是八维向量的简单应用，未来机器学习将扩展至几百或更高维度。

20-6 皮尔逊相关系数

在统计学中，皮尔逊相关系数 (Pearson Correlation Coefficient) 常用在度量两个变量 x 和 y 之间的相关程度，此系数值范围是 $-1 \sim 1$，基本概念如下：

（1）系数值为 1：代表所有数据皆是在一条直线上，同时 y 值随 x 值增加而增加。系数值越接近 1，代表 x 与 y 变量的正相关程度越高。

（2）系数值为 -1：代表所有数据皆是在一条直线上，同时 y 值随 x 值增加而减少。系数越接近 -1，代表 x 与 y 变量的负相关程度越高。

（3）系数值为 0：代表两个变量间没有线性关系，也就是 y 值的变化与 x 值完全不相关。系数越接近 0，代表 x 与 y 变量的完全不相关程度越高。

下列是相关性系数常见的定义。

相关性	正	负
强	$0.6 \sim 1.0$	$-1.0 \sim (-0.6)$
中	$0.3 \sim 0.6$	$-0.6 \sim (-0.3)$
弱	$0.1 \sim 0.3$	$-0.3 \sim (-0.1)$
无	-0.09	$-0.09 \sim (-0.0)$

20-6-1　皮尔逊相关系数定义

皮尔逊相关系数是两个变量之间共变异数和标准偏差的商，一般常用 r 当作皮尔逊系数的变量，公式如下：

$$r = \frac{\sum_{i=1}^{n}(x_i - \overline{x})(y_i - \overline{y})}{\sqrt{\sum_{i=1}^{n}(x_i - \overline{x})^2}\sqrt{\sum_{i=1}^{n}(y_i - \overline{y})^2}}$$

20-6-2　网络购物问卷调查案例解说

一家网络购物公司在 2019 年 12 月做了一个问卷调查，询问消费者对于整个购物的满意度，同时在 2021 年 1 月再针对前一年调查对象，询问了在 2020 年再度购买商品的次数。所获得的数据如下：

问卷编号	满意度	再度购买次数
1	8	12
2	9	15
3	10	16
4	7	18
5	8	6
6	9	11
7	5	3
8	7	12
9	9	11
10	8	16

下列是计算上述数据的表格。

（1）计算满意度 – 平均满意度（经计算平均满意度是 0）：

$$(x_i - \overline{x})$$

（2）计算再度购买次数 – 平均再度购买次数（经计算平均再度购买次数是 12）：

$$(y_i - \overline{y})$$

问卷编号	满意度 – 平均满意度	再度购买次数 – 平均再度购买次数
1	0	0
2	1	3

续表

问卷编号	满意度 – 平均满意度	再度购买次数 – 平均再度购买次数
3	2	4
4	−1	6
5	0	−6
6	1	−1
7	−3	−9
8	−1	0
9	1	−1
10	0	4

将数据代入 20-6-1 节的皮尔逊系数公式，可以得到下列数据表格。

问卷编号	$(x_i - \bar{x})(y_i - \bar{y})$	$(x_i - \bar{x})^2$	$(y_i - \bar{y})^2$
1	0	0	0
2	3	1	9
3	8	4	16
4	−6	1	36
5	0	0	36
6	−1	1	1
7	27	9	81
8	0	1	0
9	−1	1	1
10	0	0	16
总计	30	18	196

将上述值代入皮尔逊系数公式，可以得到下列结果。

$$r = \frac{30}{\sqrt{18}\sqrt{196}} = 0.505$$

从上述执行结果可以看到，消费满意度与再度购买是正相关，不过相关强度是中等。

程序实例 ch20_4.py：用 Python 程序验证上述结果。

```
1  # ch20_4.py
2  import numpy as np
3
4  x = np.array([8, 9, 10, 7, 8, 9, 5, 7, 9, 8])
5  y = np.array([12, 15, 16, 18, 6, 11, 3, 12, 11, 16])
6  x_mean = np.mean(x)
7  y_mean = np.mean(y)
8
9  xi_x = [v - x_mean  for v in x]
10 yi_y = [v - y_mean  for v in y]
11
12 data1 = [0]*10
13 data2 = [0]*10
14 data3 = [0]*10
15 for i in range(len(x)):
16     data1[i] = xi_x[i] * yi_y[i]
17     data2[i] = xi_x[i]**2
18     data3[i] = yi_y[i]**2
19
20 v1 = np.sum(data1)
21 v2 = np.sum(data2)
22 v3 = np.sum(data3)
23 r = v1 / ((v2**0.5)*(v3**0.5))
24 print('coefficient = {}'.format(r))
```

执行结果

```
========== RESTART: D:\Python Machine
coefficient = 0.5050762722761054
```

程序实例 ch20_5.py：绘制消费满意度与再度购买次数的散点图。

```
1  # ch20_5.py
2  import numpy as np
3  import matplotlib.pyplot as plt
4
5  x = np.array([8, 9, 10, 7, 8, 9, 5, 7, 9, 8])
6  y = np.array([12, 15, 16, 18, 6, 11, 3, 12, 11, 16])
7  x_mean = np.mean(x)
8  y_mean = np.mean(y)
9  xpt1 = np.linspace(0, 12, 12)
10 ypt1 = [y_mean for xp in xpt1]      # 平均购买次数
11 ypt2 = np.linspace(0, 20, 20)
12 xpt2 = [x_mean for yp in ypt2]      # 平均满意度
13
14 plt.scatter(x, y)                   # 满意度 vs 购买次数
15 plt.plot(xpt1, ypt1, 'g')           # 平均购买次数
16 plt.plot(xpt2, ypt2, 'g')           # 平均满意度
17 plt.grid()
18 plt.show()
```

执行结果

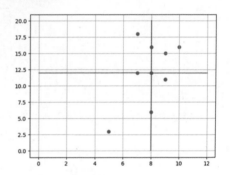

上述只有 9 个点，是因为数据 (9，11) 重叠。如果是高度相关，应该是满意度高再度购买次数也高，满意度低再度购买次数也低，这表示数据应该集中在绿色交叉线的右上方和左下方。

20-6-3 向量内积计算系数

其实可以使用 x 和 y 与平均值的偏差距离当作是向量，然后由这两个向量的内积计算夹角 θ，此 $\cos\theta$ 值就是皮尔逊系数值。假设向量 a 与 b 如下所示：

$$a = (x_1 - \bar{x} \quad x_2 - \bar{x} \quad ... \quad x_n - \bar{x})$$
$$b = (y_1 - \bar{y} \quad y_2 - \bar{y} \quad ... \quad y_n - \bar{y})$$

假设向量 a 与 b 的夹角是 θ，则皮尔逊相关系数计算公式如下：

$$r = \cos\theta = \frac{\|a\|\|b\|\cos\theta}{\|a\|\|b\|} = \frac{a \cdot b}{\|a\|\|b\|}$$

❑ 向量内积推导皮尔逊相关系数的分子

$$a \cdot b = (x_1 - \bar{x})(y_1 - \bar{y}) + (x_2 - \bar{x})(y_2 - \bar{y}) + \cdots + (x_n - \bar{x})(y_n - \bar{y})$$

$$= \sum_{i=1}^{n} (x_i - \bar{x})(y_i - \bar{y})$$

❑ 向量内积推导皮尔逊相关系数的分母

$$\|a\| = \sqrt{(x_1 - \bar{x})^2 + (x_2 - \bar{x})^2 + \cdots + (x_n - \bar{x})^2}$$

$$= \sqrt{\sum_{i=1}^{n} (x_i - \bar{x})^2}$$

$$\|b\| = \sqrt{(y_1 - \bar{y})^2 + (y_2 - \bar{y})^2 + \cdots + (y_n - \bar{y})^2}$$

$$= \sqrt{\sum_{i=1}^{n} (y_i - \bar{y})^2}$$

❑ 推导结果

最后将分子与分母组合，可以得到下列皮尔逊相关系数推导结果。

$$\frac{a \cdot b}{\|a\|\|b\|} = \frac{\displaystyle\sum_{i=1}^{n}(x_i - \bar{x})(y_i - \bar{y})}{\sqrt{\displaystyle\sum_{i=1}^{n}(x_i - \bar{x})^2} \; \sqrt{\displaystyle\sum_{i=1}^{n}(y_i - \bar{y})^2}}$$

20-7　向量外积

向量外积又称叉积 (Cross Product) 或是矢量积 (Vector Product)，这是三维空间中对于两个向量的二维运算。所以要执行向量 a 与 b 的外积运算，首先要假设 a 与 b 是在同一平面上。两个向量 a 与 b 执行外积，所使用的符号是 ×，表示方法如下：

$a \; \times \; b$

向量外积常应用在数学、物理与机器学习。关于外积，读者需了解下列几点：

（1）向量外积结果不是标量而是向量。

（2）对于 a 与 b，向量外积是垂直于 2 个向量的向量，又称法线向量。

（3）上述法线向量的大小是向量 a 与 b 所组成的平行四边形的面积。

20-7-1　法线向量

a 与 b 的向量外积是垂直于 2 个向量的向量，可以参考下图：

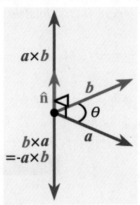

假设 a 与 b 向量内容如下：

$$a = \begin{pmatrix} a_1 \\ a_2 \\ a_3 \end{pmatrix} \quad b = \begin{pmatrix} b_1 \\ b_2 \\ b_3 \end{pmatrix}$$

向量 a 与 b 的外积计算公式如下：

$$a \times b = \begin{pmatrix} a_2 b_3 - a_3 b_2 \\ a_3 b_1 - a_1 b_3 \\ a_1 b_2 - a_2 b_1 \end{pmatrix}$$

numpy 模块有 cross( ) 方法可以执行此向量外积计算，可以参考下列实例。

```
>>> import numpy as np
>>> a = np.array([0, 1, 2])
>>> b = np.array([2, 0, 2])
>>> np.cross(a, b)
array([ 2,  4, -2])
```

20-7-2　计算面积

20-7 节第 3 点，法线向量大小等于两个向量组成的平行四边形的面积，请参考下图：

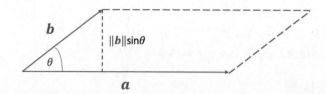

从上图我们可以得到下列公式：

$$\|a{\times}b\| = \|a\|\|b\|sin\theta$$

程序实例 ch20_6.py：计算两个向量组成的三角形面积，步骤如下。

（1）计算两个向量长度；

（2）计算两个向量的夹角，可以使用 ch20_2.py 中的概念；

（3）套用上述公式，这是计算平行四边形面积；

（4）将步骤（3）结果除以 2，即可得到两个向量组成的三角形面积。

```
1  # ch20_6.py
2  import numpy as np
3  import math
4
5  a = np.array([4, 2])
6  b = np.array([1, 3])
7
8  norm_a = np.linalg.norm(a)          # 计算向量大小
9  norm_b = np.linalg.norm(b)          # 计算向量大小
10
11 dot_ab = np.dot(a, b)               # 计算向量内积
12
13 cos_angle = dot_ab / (norm_a * norm_b)  # 计算cos值
14 rad = math.acos(cos_angle)          # acos转成弧度
15
16 area = norm_a * norm_b * math.sin(rad) / 2
17 print('area = {0:5.2f}'.format(area))
```

执行结果

```
========== RESTART: D:\Python
area =  5.00
```

另一种计算三角形面积的方式是先计算两个向量的外积，可以使用 norm( ) 求此垂直向量的长度，最后除以 2，就可以得到两个向量所组成的三角形的面积。

程序实例 ch20_7.py：使用向量外积概念计算两向量所组成的三角形的面积。

```
1  # ch20_7.py
2  import numpy as np
3
4  a = np.array([4, 2])
5  b = np.array([1, 3])
6
7  ab_cross = np.cross(a, b)           # 计算向量外积
8  area = np.linalg.norm(ab_cross) / 2 # 向量长度除以2
9
10 print('area = {0:5.2f}'.format(area))
```

执行结果

```
========== RESTART: D:\Python
area =  5.00
```

第 2 1 章

机器学习的矩阵

等公交车时我们期待大家要排队，如果将人改为数字，也就是数字排队，这个就是矩阵(matrix)。

21-1 矩阵的表达方式

21-1-1 矩阵的行与列

矩阵是由 row 与 col(column 的简写) 组成，下列是矩形定义。

$$\begin{array}{ccc} & \text{第} & \text{第} & \text{第} \\ & 1 & 2 & 3 \\ & \text{列} & \text{列} & \text{列} \\ & \downarrow & \downarrow & \downarrow \\ \text{第1行} \rightarrow & \begin{pmatrix} 1 & 2 & 3 \\ 4 & 5 & 6 \\ 7 & 8 & 9 \end{pmatrix} \\ \text{第2行} \rightarrow \\ \text{第3行} \rightarrow \end{array}$$

row 翻译为行，col 翻译为列。$m \times n$ 矩阵中 m 代表行 (row)，n 代表列 (column)。所以上述是 3×3 矩阵，下列是 2×3 与 3×2 矩阵。

$$A = \begin{pmatrix} 1 & 2 & 3 \\ 4 & 5 & 6 \end{pmatrix} \qquad \begin{pmatrix} 1 & 4 \\ 2 & 5 \\ 3 & 6 \end{pmatrix}$$

2x3矩阵   3x2矩阵

21-1-2 矩阵变量名称

矩阵的变量名称常用大写英文字母表示，下列是设定矩阵的变量名称是 A。

$$A = \begin{pmatrix} 1 & 2 & 3 \\ 4 & 5 & 6 \end{pmatrix}$$

21-1-3 常见的矩阵表达方式

上述笔者用小括号表达矩阵，下列是其他矩阵表达方式。

$$\begin{bmatrix} 1 & 2 \\ 3 & 4 \end{bmatrix} \qquad \begin{vmatrix} 1 & 2 \\ 3 & 4 \end{vmatrix} \qquad \begin{Vmatrix} 1 & 2 \\ 3 & 4 \end{Vmatrix}$$

21-1-4 矩阵元素表达方式

矩阵元素常用下标表示，可以参考下列书写方式：

$$a_{ij}$$

上述 i 是行号，j 是列号，有时也可以省略下标间的逗号，可以参考下方右图，这也是可以的。

$$\begin{pmatrix} a_{1,1} & a_{1,2} \\ a_{2,1} & a_{2,2} \end{pmatrix} \longrightarrow \begin{pmatrix} a_{11} & a_{12} \\ a_{21} & a_{22} \end{pmatrix}$$

如果是 $m \times n$ 矩阵，所看到的矩阵将如下所示：

$$\begin{pmatrix} a_{1,1} & \cdots & a_{1,n} \\ \vdots & \ddots & \vdots \\ a_{m,1} & \cdots & a_{m,n} \end{pmatrix}$$

21-2　矩阵相加与相减

21-2-1　基础概念

有 2 个矩阵如下：

$$A = \begin{pmatrix} a_{1,1} & \cdots & a_{1,n} \\ \vdots & \ddots & \vdots \\ a_{m,1} & \cdots & a_{m,n} \end{pmatrix} \qquad B = \begin{pmatrix} b_{1,1} & \cdots & b_{1,n} \\ \vdots & \ddots & \vdots \\ b_{m,1} & \cdots & b_{m,n} \end{pmatrix}$$

矩阵相加或相减，相当于相同位置的元素执行相加或是相减，所以不同大小的矩阵无法执行相加减，如下所示：

$$A + B = \begin{pmatrix} a_{1,1} + b_{1,1} & \cdots & a_{1,n} + b_{1,n} \\ \vdots & \ddots & \vdots \\ a_{m,1} + b_{m,1} & \cdots & a_{m,n} + b_{m,n} \end{pmatrix}$$

$$A - B = \begin{pmatrix} a_{1,1} - b_{1,1} & \cdots & a_{1,n} - b_{1,n} \\ \vdots & \ddots & \vdots \\ a_{m,1} - b_{m,1} & \cdots & a_{m,n} - b_{m,n} \end{pmatrix}$$

矩阵加减运算的交换律与结合律是成立的。

交换律：$A + B = B + A$

结合律：$(A + B) + C = A + (B + C)$

21-2-2　Python 实践

定义矩阵可以使用 numpy 的 matrix( ) 方法，有一个矩阵如下：

$$A = \begin{pmatrix} 1 & 2 & 3 \\ 4 & 5 & 6 \end{pmatrix}$$

定义方式如下：

```
>>> import numpy as np
>>> A = np.matrix([[1, 2, 3], [4, 5, 6]])
>>> A
matrix([[1, 2, 3],
        [4, 5, 6]])
```

定义矩阵时也可分两行定义。

```
>>> import numpy as np
>>> A = np.matrix([[1, 2, 3],
                   [4, 5, 6]])
>>> A
matrix([[1, 2, 3],
        [4, 5, 6]])
```

程序实例 ch21_1.py：矩阵相加与相减的应用。

```
1  # ch21_1.py
2  import numpy as np
3
4  A = np.matrix([[1, 2, 3], [4, 5, 6]])
5  B = np.matrix([[4, 5, 6], [7, 8, 9]])
6
7  print('A + B = {}'.format(A + B))
8  print('A - B = {}'.format(A - B))
```

执行结果

```
A + B = [[ 5  7  9]
 [11 13 15]]
A - B = [[-3 -3 -3]
 [-3 -3 -3]]
```

21-3 矩阵乘以实数

矩阵可以乘以实数，操作方式是每个矩阵元素乘以该实数，下列是将矩阵乘以实数 k 的实例。

$$kA = \begin{pmatrix} ka_{1,1} & \cdots & ka_{1,n} \\ \vdots & \ddots & \vdots \\ ka_{m,1} & \cdots & ka_{m,n} \end{pmatrix}$$

矩阵乘以实数的交换律、结合律与分配律是成立的。

交换律：$kA = Ak$

结合律：$jkA = j(kA)$

分配律：$(j + k)A = jA + kA$

$\qquad k(A + B) = kA + kB$

程序实例 ch21_2.py：矩阵乘以 2。

```
1  # ch21_2.py
2  import numpy as np
3
4  A = np.matrix([[1, 2, 3], [4, 5, 6]])
5
6  print('2 * A  = {}'.format(2 * A))
7  print('0.5 * A = {}'.format(0.5 * A))
```

执行结果

```
2 * A  = [[ 2  4  6]
 [ 8 10 12]]
0.5 * A = [[0.5 1.  1.5]
 [2.  2.5 3. ]]
```

21-4 矩阵乘法

矩阵相乘很重要一点是，左侧矩阵的列数与右侧矩阵的行数要相同，才可以执行矩阵相乘。坦白说，矩阵乘法比较复杂，所以将分成多个小节说明。

21-4-1 乘法基本规则

有一个 $m \times n$ 的矩阵 A 要与 $i \times j$ 的矩阵 B 相乘，n 必须等于 i 才可以相乘，相乘结果是 $m \times j$ 的矩阵。

$$A = \begin{pmatrix} \overset{n}{\overline{a_{1,1}}} & \cdots & a_{1,n} \\ \vdots & \ddots & \vdots \\ a_{m,1} & \cdots & a_{m,n} \end{pmatrix} \qquad B = \begin{pmatrix} \overset{i}{b_{1,1}} & \cdots & b_{1,j} \\ \vdots & \ddots & \vdots \\ b_{i,1} & \cdots & b_{i,j} \end{pmatrix}$$

假设 2×3 的矩阵 A 与 3×2 的矩阵 B 相乘，如下所示：

$$A = \begin{pmatrix} a_{1,1} & a_{1,2} & a_{1,3} \\ a_{2,1} & a_{2,2} & a_{2,3} \end{pmatrix} \qquad B = \begin{pmatrix} b_{1,1} & b_{1,2} \\ b_{2,1} & b_{2,2} \\ b_{3,1} & b_{3,2} \end{pmatrix}$$

计算规则如下：

$$AB = \begin{pmatrix} a_{1,1}b_{1,1} + a_{1,2}b_{2,1} + a_{1,3}b_{3,1} & a_{1,1}b_{1,2} + a_{1,2}b_{2,2} + a_{1,3}b_{3,2} \\ a_{2,1}b_{1,1} + a_{2,2}b_{2,1} + a_{2,3}b_{3,1} & a_{2,1}b_{1,2} + a_{2,2}b_{2,2} + a_{2,3}b_{3,2} \end{pmatrix}$$

矩阵可以用一般式表达，假设 A 矩阵是 $i \times j$，B 矩阵是 $j \times k$，同时可以得到下列结果：

$$AB_{ik} = \sum_{j=1}^{n} a_{i,j}b_{j,k}$$

下列是整个矩阵相乘的通式。

$$AB = \begin{pmatrix} a_{1,1} & a_{1,2} & \cdots & a_{1,j} \\ a_{2,1} & a_{2,2} & & a_{2,j} \\ & \vdots & \ddots & \vdots \\ a_{i,1} & a_{i,2} & \cdots & a_{i,j} \end{pmatrix} \begin{pmatrix} b_{1,1} & b_{1,2} & \cdots & b_{1,k} \\ b_{2,1} & b_{2,2} & & b_{2,k} \\ & \vdots & \ddots & \vdots \\ b_{j,1} & b_{j,2} & \cdots & b_{j,k} \end{pmatrix}$$

$$= \begin{pmatrix} \sum_{j=1}^{n} a_{1,j}b_{j1} & \sum_{j=1}^{n} a_{1,j}b_{j,2} & \cdots & \sum_{j=1}^{n} a_{1,j}b_{j,k} \\ \sum_{j=1}^{n} a_{2,j}b_{j,1} & \sum_{j=1}^{n} a_{2,j}b_{j,2} & & \sum_{j=1}^{n} a_{2,j}b_{j,k} \\ \vdots & & \ddots & \vdots \\ \sum_{j=1}^{n} a_{i,j}b_{j,1} & \sum_{j=1}^{n} a_{i,j}b_{j,2} & \cdots & \sum_{j=1}^{n} a_{i,j}b_{j,k} \end{pmatrix}$$

下列是数据代入的计算实例，假设 A 矩阵与 B 矩阵数据如下：

$$A = \begin{pmatrix} 1 & 0 & 2 \\ -1 & 3 & 1 \end{pmatrix} \qquad B = \begin{pmatrix} 3 & 1 \\ 2 & 1 \\ 1 & 0 \end{pmatrix}$$

下列是各元素的计算过程：

计算过程与结果如下：

$$AB = \begin{pmatrix} 1*3+0*2+2*1 & 1*1+0*1+2*0 \\ -1*3+3*2+1*1 & -1*1+3*1+1*0 \end{pmatrix} = \begin{pmatrix} 5 & 1 \\ 4 & 2 \end{pmatrix}$$

使用 numpy 模块，可以使用 * 或是 @ 运算符执行矩阵的乘法。

程序实例 ch21_3.py：执行矩阵运算，同时验证上述结果，下列第 2 个矩阵运算就是上述的验证。

```
1  # ch21_3.py
2  import numpy as np
3
4  A = np.matrix([[1, 2], [3, 4]])
5  B = np.matrix([[5, 6], [7, 8]])
6  print('A * B = {}'.format(A * B))
7
8  C = np.matrix([[1, 0, 2], [-1, 3, 1]])
9  D = np.matrix([[3, 1], [2, 1], [1, 0]])
10 print('C @ D = {}'.format(C @ D))
```

执行结果

```
========== RESTART: D:/Python
A * B = [[19 22]
 [43 50]]
C @ D = [[5 1]
 [4 2]]
```

21-4-2 乘法案例

下表是甲与乙要购买水果的数量：

名字	香蕉	芒果	苹果
甲	2	3	1
乙	3	2	5

下表是超市与百货公司的水果价格：

水果名称	超市价格	百货公司价格
香蕉	30	50
芒果	60	80
苹果	50	60

程序实例 ch21_4.py：计算甲和乙在超市和百货公司购买各需要多少金额。

```
1  # ch21_4.py
2  import numpy as np
3
4  A = np.matrix([[2, 3, 1], [3, 2, 5]])
5  B = np.matrix([[30, 50], [60, 80], [50, 60]])
6  print('A * B = {}'.format(A * B))
```

执行结果

```
========== RESTART: D:/Python
A * B = [[290 400]
 [460 610]]
```

若是将上述计算结果用表格表达可以得到下列结果。

名字	超市	百货公司
甲	290	400
乙	460	610

相当于如果甲在超市采购上述水果需要 290 元，在百货公司采购相同水果需要 400 元。如果乙在超市采购上述水果需要 460 元，在百货公司采买相同水果需要 610 元。

矩阵运算时，可能会有计算 $1 \times m$ 矩阵与 $m \times n$ 矩阵的运算，相关写法可以参考下列实例。

程序实例 ch21_5.py：假设各式水果热量如下：

水果	热量
香蕉	30 卡路里
芒果	50 卡路里
苹果	20 卡路里

甲和乙各吃数量如下，请计算会产生多少卡路里。

名字	香蕉	芒果	苹果
甲	1	2	1
乙	2	1	2

```
1  # ch21_5.py
2  import numpy as np
3
4  A = np.matrix([[1, 2, 1], [2, 1, 2]])
5  B = np.matrix([[30], [50], [20]])
6  print('A * B = {}'.format(A * B))
```

执行结果

```
========== RESTART: D:/Python
A * B = [[150]
 [150]]
```

若是将上述计算结果用表格表达可以得到下列结果。

名字	卡路里
甲	150
乙	150

21-4-3 矩阵乘法规则

矩阵运算时，结合律与分配律是成立的。

结合律：$A \times B \times C = (A \times B) \times C = A \times (B \times C)$

分配律：$A \times (B - C) = A \times B - A \times C$

矩阵运算时，交换律是不成立的。

$A \times B$ 不等于 $B \times A$

程序实例 ch21_6.py：验证 $A \times B$ 不等于 $B \times A$。

```
1  # ch21_6.py
2  import numpy as np
3
4  A = np.matrix([[1, 2], [3, 4]])
5  B = np.matrix([[5, 6], [7, 8]])
6  print('A * B = {}'.format(A * B))
7  print('B * A = {}'.format(B * A))
```

执行结果

```
========== RESTART: D:/Python
A * B = [[19 22]
 [43 50]]
B * A = [[23 34]
 [31 46]]
```

21-5　方形矩阵

一个矩阵如果行数 (row) 等于列数 (column)，我们称这是方形矩阵 (square matrix)，例如：下方 A 矩阵列数与行数皆是 2；下方右图 B 矩阵列数与行数皆是 3。

$$A = \begin{pmatrix} 1 & 2 \\ 3 & 4 \end{pmatrix} \qquad\qquad B = \begin{pmatrix} 1 & 2 & 3 \\ 4 & 5 & 6 \\ 7 & 8 & 9 \end{pmatrix}$$

上述皆是方形矩阵。

21-6　单位矩阵

一个方形矩阵如果从左上至右下对角线的元素皆是 1，其他元素皆是 0，这个矩阵称单位矩阵 (identity matrix)，如下所示：

$$A = \begin{pmatrix} 1 & 0 \\ 0 & 1 \end{pmatrix} \qquad\qquad B = \begin{pmatrix} 1 & 0 & 0 \\ 0 & 1 & 0 \\ 0 & 0 & 1 \end{pmatrix}$$

单位矩阵有时用大写英文 E 或 I 表示。

单位矩阵就类似阿拉伯数字 1，任何矩阵与单位矩阵相乘，结果皆是原来的矩阵，如下所示：

$A \times E = A$

$E \times A = A$

程序实例 ch21_7.py：验证与单位矩阵相乘结果不变。

```
1  # ch21_7.py
2  import numpy as np
3
4  A = np.matrix([[1, 2], [3, 4]])
5  B = np.matrix([[1, 0], [0, 1]])
6  print('A * B = {}'.format(A * B))
7  print('B * A = {}'.format(B * A))
```

执行结果

```
========== RESTART: D:/Python
A * B = [[1 2]
 [3 4]]
B * A = [[1 2]
 [3 4]]
```

21-7　反矩阵

21-7-1　基础概念

只有方形矩阵 (square matrix) 才可以有反矩阵 (inverse matrix)，一个矩阵乘以它的反矩阵，可以得到单位矩阵 E，可以参考下列概念。

$$A \times A^{-1} = E$$

或是

$$A^{-1} \times A = E$$

如果一个 2×2 的矩阵，它的反矩阵公式如下：

$$A = \begin{pmatrix} a_{1,1} & a_{1,2} \\ a_{2,1} & a_{2,2} \end{pmatrix} \qquad A^{-1} = \frac{1}{a_{1,1}a_{2,2} - a_{1,2}a_{2,1}} \begin{pmatrix} a_{2,2} & -a_{1,2} \\ -a_{2,1} & a_{1,1} \end{pmatrix}$$

反矩阵另一个存在条件是 $a_{1,1}a_{2,2} - a_{1,2}a_{2,1}$ 不等于 0。下列是一个矩阵 A 与反矩阵 A^{-1} 的实例。

$$A = \begin{pmatrix} 2 & 3 \\ 5 & 7 \end{pmatrix} \qquad A^{-1} = \frac{1}{14-15} \begin{pmatrix} 7 & -3 \\ -5 & 2 \end{pmatrix} = \begin{pmatrix} -7 & 3 \\ 5 & -2 \end{pmatrix}$$

21-7-2　Python 实践

导入 numpy 模块，可以使用 inv( ) 方法计算反矩阵。

程序实例ch21_8.py：计算反矩阵，验证前一小节的运算。同时将矩阵乘以反矩阵，验证结果是单位矩阵。

```
1  # ch21_8.py
2  import numpy as np
3
4  A = np.matrix([[2, 3], [5, 7]])
5  B = np.linalg.inv(A)
6  print('A_inv = {}'.format(B))
7  print('E     = {}'.format((A * B).astype(np.int64)))
```

执行结果

```
========== RESTART: D:/Python Machine
A_inv = [[-7.  3.]
 [ 5. -2.]]
E     = [[1 0]
 [0 1]]
```

上述 astype( ) 可以将计算结果转成整数。

21-8　用反矩阵解联立方程式

坦白说反矩阵有一点麻烦，但是用反矩阵来解联立方程式却非常简单，假设有一个联立方程式如下：

$3x + 2y = 5$

$x + 2y = -1$

可以将上述联立方程式使用下列矩阵表达。

$$\begin{pmatrix} 3 & 2 \\ 1 & 2 \end{pmatrix} \begin{pmatrix} x \\ y \end{pmatrix} = \begin{pmatrix} 5 \\ -1 \end{pmatrix}$$

$\begin{pmatrix} 3 & 2 \\ 1 & 2 \end{pmatrix}$ 的反矩阵是 $\begin{pmatrix} 0.5 & -0.5 \\ -0.25 & 0.75 \end{pmatrix}$，在等号两边乘以相同的反矩阵，可以得到下列结果。

$$\begin{pmatrix} 0.5 & -0.5 \\ -0.25 & 0.75 \end{pmatrix} \begin{pmatrix} 3 & 2 \\ 1 & 2 \end{pmatrix} \begin{pmatrix} x \\ y \end{pmatrix} = \begin{pmatrix} 0.5 & -0.5 \\ -0.25 & 0.75 \end{pmatrix} \begin{pmatrix} 5 \\ -1 \end{pmatrix}$$

推导可以得到下列结果。

$$\begin{pmatrix} x \\ y \end{pmatrix} = \begin{pmatrix} 3 \\ -2 \end{pmatrix}$$

可以得到上述联立方程式的解是 $x = 3$，$y = -2$。

程序实例 ch21_9.py：使用反矩阵概念验证上述执行结果。

```
1  # ch21_9.py
2  import numpy as np
3
4  A = np.matrix([[3, 2], [1, 2]])
5  A_inv = np.linalg.inv(A)
6  B = np.matrix([[5], [-1]])
7  print('{}'.format(A_inv * B))
```

执行结果

```
========== RESTART: D:/Python
[[ 3.]
 [-2.]]
```

21-9　张量

在机器学习过程中常可以看到张量 (tensor)，所谓张量其实就是数字的堆栈结构，可以参考下图。

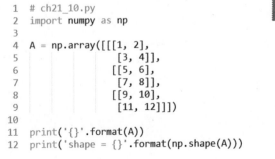

纯量	向量	矩阵	3维空间
0轴张量	1轴张量	2轴张量	3轴张量

张量可以用轴空间表示，如果是标量则是 0 轴张量，向量称 1 轴张量，矩阵称 2 轴张量，3 维空间称 3 轴张量，可依此类推。

下列是使用 array( ) 方式定义 3 维数据，请参考下列实例。

程序实例 ch21_10.py：定义 3 维数据，同时使用 shape( ) 方法列出数据外形。

```
1  # ch21_10.py
2  import numpy as np
3
4  A = np.array([[[1, 2],
5                 [3, 4]],
6                [[5, 6],
7                 [7, 8]],
8                [[9, 10],
9                 [11, 12]]])
10
11 print('{}'.format(A))
12 print('shape = {}'.format(np.shape(A)))
```

执行结果

```
========== RESTART: D:/Python
[[[ 1  2]
  [ 3  4]]

 [[ 5  6]
  [ 7  8]]

 [[ 9 10]
  [11 12]]]
shape = (3, 2, 2)
```

21-10 　转置矩阵

21-10-1 　基础概念

转置矩阵的概念就是将矩阵内列的元素与行的元素对调，所以 $n \times m$ 的矩阵就可以转成 $m \times n$ 的矩阵，例如有一个 2×4 的矩阵如下：

$$\begin{pmatrix} 0 & 2 & 4 & 6 \\ 1 & 3 & 5 & 7 \end{pmatrix}$$

经过转置后可以得到下列 4×2 的矩阵结果：

$$\begin{pmatrix} 0 & 1 \\ 2 & 3 \\ 4 & 5 \\ 6 & 7 \end{pmatrix}$$

假设矩阵是 A，转置矩阵的表达方式是 A^T，我们也可以使用下列方式表达。

$$\begin{pmatrix} 0 & 2 & 4 & 6 \\ 1 & 3 & 5 & 6 \end{pmatrix}^T = \begin{pmatrix} 0 & 1 \\ 2 & 3 \\ 4 & 5 \\ 6 & 7 \end{pmatrix}$$

21-10-2 　Python 实践

设计转置矩阵时可以使用 numpy 模块的 transpose( )，也可以使用 T，可以参考下列实例。

程序实例 ch21_11.py：转置矩阵的应用。

```
1  # ch21_11.py
2  import numpy as np
3
4  A = np.array([[0, 2, 4, 6],
5                [1, 3, 5, 7]])
6  B = A.T
7  print('{}'.format(B))
8  C = np.transpose(A)
9  print('{}'.format(C))
```

执行结果

```
========= RESTART: D:/Python Machine
[[0 1]
 [2 3]
 [4 5]
 [6 7]]
[[0 1]
 [2 3]
 [4 5]
 [6 7]]
```

21-10-3 　转置矩阵的规则

有矩阵 A、B 与标量 c，转置矩阵规则与特性如下：

❑ 转置矩阵可以再转置还原矩阵内容

$$(A^T)^T = A$$

❏ 矩阵相加再转置，等于各矩阵转置再相加

$$(A + B)^T = A^T + B^T$$

❏ 标量 c 乘矩阵再载转置，与先转置再乘以标量结果相同

$$(cA)^T = cA^T$$

❏ 转置矩阵后再做反矩阵，等于反矩阵后转置

$$(A^T)^{-1} = (A^{-1})^T$$

❏ 矩阵相乘再转置，等于各矩阵转置后交换次序再相乘

$$(AB)^T = B^T A^T$$

可以扩展到下列概念：

$$(AB \cdots YZ)^T = Z^T Y^T \cdots B^T A^T$$

21-10-4　转置矩阵的应用

请参考 20-6-3 节向量内积计算：

$$a = (x_1 - \bar{x} \quad x_2 - \bar{x} \quad ... \quad x_n - \bar{x})$$
$$b = (y_1 - \bar{y} \quad y_2 - \bar{y} \quad ... \quad y_n - \bar{y})$$

皮尔逊相关系数计算如下：

$$r = cos\theta = \frac{\|a\|\|b\|cos\theta}{\|a\|\|b\|} = \frac{a \cdot b}{\|a\|\|b\|}$$

上述 $a \cdot b$ 其实是两个向量做内积，如果要改为矩阵相乘，由于这两个皆是 $1 \times n$ 矩阵，所以无法相乘。我们先将向量 a 和 b 改写如下：

$$a = \begin{pmatrix} x_1 - \bar{x} \\ x_2 - \bar{x} \\ \vdots \\ x_n - \bar{x} \end{pmatrix} \qquad b = \begin{pmatrix} y_1 - \bar{y} \\ y_2 - \bar{y} \\ \vdots \\ y_n - \bar{y} \end{pmatrix}$$

可以对 a 进行转置得到矩阵 a^T，这样就可以相乘，如下所示：

$$a^T \cdot b = (x_1 - \bar{x} \quad x_2 - \bar{x} \quad ... \quad x_n - \bar{x}) \begin{pmatrix} y_1 - \bar{y} \\ y_2 - \bar{y} \\ \vdots \\ y_n - \bar{y} \end{pmatrix}$$

上述是 $1 \times n$ 矩阵与 $n \times 1$ 矩阵，所以可以相乘然后得到标量或称实数，所以皮尔逊相关系数可以改写如下：

$$r = cos\theta = \frac{\|a\|\|b\|cos\theta}{\|a\|\|b\|} = \frac{a \cdot b}{\|a\|\|b\|} = \frac{a^T \cdot b}{\sqrt{a^T \cdot a} \cdot \sqrt{b^T \cdot b}}$$

第22章
向量、矩阵与多元线性回归

第 10 章笔者讲解了最小平方法，然后计算了回归直线。本章要讲解从更多元的数据中找寻误差最小的线性回归。

22-1 向量应用在线性回归

请参考 10-2 节业务员销售国际证照考卷的数据，单纯的线性方程式如下：

$$y = ax + b$$

x 代表每年的拜访数据，y 是每年国际证照的销售数据，如果数据量庞大，收集了 n 年，则可以使用向量表达此数据。

$x = (x_1 \ x_2 \ \cdots \ x_n)$ 　　　　　# 下标代表第 n 年，x_n 是第 n 年拜访客户次数

$y = (y_1 \ y_2 \ \cdots \ y_n)$ 　　　　　# 下标代表第 n 年，y_n 是第 n 年销售考卷数

由于上述 x_n 和 y_n 代入 $y = ax + b$ 会有误差 ε，所以可以为误差加上下标，这样误差也可以使用误差向量表示：

$$\boldsymbol{\varepsilon} = (\boldsymbol{\varepsilon_1} \ \boldsymbol{\varepsilon_2} \ \dots \ \boldsymbol{\varepsilon_n})$$

所以现在的线性方程式如下：

$$\boldsymbol{y} = \mathbf{a}\boldsymbol{x} + \boldsymbol{b} + \boldsymbol{\varepsilon}$$

现在斜率 a 与截距 b 是标量，由于斜率 a 乘以向量 x 后会是 n 维向量，所以必须将标量 b 改为向量，如下所示：

$$b = (b_1 \ b_2 \ \cdots \ b_n)$$

所以整个线性方程式将如下所示，同时可以执行下列推导：

$$\boldsymbol{y} = \mathbf{a}\boldsymbol{x} + \boldsymbol{b} + \boldsymbol{\varepsilon}$$

$$\boldsymbol{\varepsilon} = \boldsymbol{y} - \mathbf{a}\boldsymbol{x} - \boldsymbol{b}$$

现在使用最小平方法计算误差平方的总和，如下所示：

$$\varepsilon_i^2 = \sum_{i=1}^{n} \varepsilon_i^2$$

上述公式就是误差向量 ε 的内积，所以推导公式如下：

$$\varepsilon_i^2 = \sum_{i=1}^{n} \varepsilon_i^2 = \|\varepsilon\|^2$$

请使用下列公式：

$$\varepsilon = y - \mathbf{a}x - \mathbf{b}$$

请执行误差平方最小化，等同是计算向量内积，如下所示：

$$\varepsilon \cdot \varepsilon = (y - \mathbf{a}x - \mathbf{b}) \cdot (y - \mathbf{a}x - \mathbf{b})$$

接着只要计算出可以让等号右边最小的 *a* 和 *b* 值即可，上述是将线性回归转成使用向量表示，可以使用微分很轻易解此方程式。

22-2 向量应用在多元线性回归

在先前的实例应用中，我们使用一位业务员的经历建立了回归直线，在真实的公司内部，一定累积了许多业务员的销售信息，例如：不同业务员的工龄、性别、销售地区等。这时候相当于有许多自变量 *x*，假设自变量 x_1 内含业务员的工龄数据，那么此自变量 x_1 的数据将如下所示：

$$x_1 = (7 \quad 8 \quad \cdots \quad 10)$$

假设有 *m* 个业务员，可以得到下列结果：

$$x_1 = (x_{1,1} \quad x_{2,1} \quad \cdots \quad x_{m,1})$$

假设每个员工有 *n* 个自变量，可以得到下列完整的自变量：

$$x_1 = (x_{1,1} \quad x_{2,1} \quad \cdots \quad x_{m,1})$$
$$x_2 = (x_{1,2} \quad x_{2,2} \quad \cdots \quad x_{m,2})$$
$$\cdots\cdots$$
$$x_n = (x_1, n \quad x_2, n \quad \cdots \quad x_{m,n})$$

相当于每个业务员有 *n* 个自变量，如下所示：

$$\begin{pmatrix} x_{1,1} \\ x_{1,2} \\ \vdots \\ x_{1,n} \end{pmatrix} \begin{pmatrix} x_{2,1} \\ x_{2,2} \\ \vdots \\ x_{2,n} \end{pmatrix} \cdots\cdots \begin{pmatrix} x_{m,1} \\ x_{m,2} \\ \vdots \\ x_{m,n} \end{pmatrix}$$

第2位业务员的*n*个自变数

第1位业务员的*n*个自变数　　　　　第*m*位业务员的*n*个自变数

在多元回归中，习惯会用 $\boldsymbol{\beta}$ 当作斜率的系数，截距则用 $\boldsymbol{\beta_0}$ 代替，所以整个多元回归通式可以使用下列公式表达：

$$y = \boldsymbol{\beta_1}x_1 + \boldsymbol{\beta_2}x_2 + \cdots + \boldsymbol{\beta_n}x_n + \boldsymbol{\beta_0} + \boldsymbol{\varepsilon}$$

22-3　矩阵应用在多元线性回归

在第 21 章笔者介绍了矩阵，我们可以将 m 个 n 维向量使用下列方式表达：

$$X = (x_1 \; x_2 \; \cdots \; x_m)$$

上述 x_1，x_2，$\cdots$，x_m 皆是 n 维向量，如下所示：

$$x_1 = \begin{pmatrix} x_{1,1} \\ x_{2,1} \\ \vdots \\ x_{m,1} \end{pmatrix}, \quad x_2 = \begin{pmatrix} x_{1,2} \\ x_{2,2} \\ \vdots \\ x_{m,2} \end{pmatrix}, \quad \cdots \quad x_m = \begin{pmatrix} x_{1,n} \\ x_{2,n} \\ \vdots \\ x_{m,n} \end{pmatrix}$$

上述 x_1，x_2，$\cdots$，x_m 与先前一样，不过是直向转成横向，下列是将之转写成矩阵 X，如下所示：

$$X = (x_1 \; x_2 \; \ldots \; x_m)$$

$$= \begin{pmatrix} x_{1,1} & x_{1,2} & \cdots & x_{1,n} \\ x_{2,1} & x_{2,2} & & x_{2,n} \\ & \vdots & \ddots & \vdots \\ x_{m,1} & x_{m,2} & \cdots & x_{m,n} \end{pmatrix}$$

然后将因变量 y 改写成向量。

$$y = \begin{pmatrix} y_1 \\ y_2 \\ \vdots \\ y_m \end{pmatrix}$$

将斜率回归系数 β 改写成向量，同时将截距 β_0 也写入。

$$\beta = \begin{pmatrix} \beta_0 \\ \beta_1 \\ \vdots \\ \beta_m \end{pmatrix}$$

然后将误差 ε 改写成向量。

$$\varepsilon = \begin{pmatrix} \varepsilon_1 \\ \varepsilon_2 \\ \vdots \\ \varepsilon_m \end{pmatrix}$$

现在可以将前一小节导出的多元线性回归公式改写为以下比较简洁的公式。

$$y = X\beta + \varepsilon$$

22-4 将截距放入矩阵

前一小节推导的公式 $X\beta$ 项目，由于截距多了 β_0，所以无法执行矩阵相乘，所以必须在原先定义的 X 矩阵内多加一列，这一列是要给截距 β_0 相乘的，此行可以放数字 1，如下所示：

$$X = \begin{pmatrix} 1 & x_{1,1} & x_{1,2} & \cdots & x_{1,n} \\ 1 & x_{2,1} & x_{2,2} & & x_{2,n} \\ & & \vdots & \ddots & \vdots \\ 1 & x_{m,1} & x_{m,2} & \cdots & x_{m,n} \end{pmatrix}$$

通过下列公式：

$$y = X\beta + \varepsilon$$

可以推导得到下列结果：

$$\begin{pmatrix} y_1 \\ y_2 \\ \vdots \\ y_m \end{pmatrix} = \begin{pmatrix} 1 & x_{1,1} & x_{1,2} & \cdots & x_{1,n} \\ 1 & x_{2,1} & x_{2,2} & & x_{2,n} \\ & & \vdots & \ddots & \vdots \\ 1 & x_{m,1} & x_{m,2} & \cdots & x_{m,n} \end{pmatrix} \begin{pmatrix} \beta_0 \\ \beta_1 \\ \vdots \\ \beta_n \end{pmatrix} + \begin{pmatrix} \varepsilon_1 \\ \varepsilon_2 \\ \vdots \\ \varepsilon_m \end{pmatrix}$$

将 X 和 β 相乘，可以得到下列结果：

$$\begin{pmatrix} y_1 \\ y_2 \\ \vdots \\ y_m \end{pmatrix} = \begin{pmatrix} \beta_0 + \beta_1 x_{1,1} + \cdots + \beta_n x_{1,n} \\ \beta_0 + \beta_1 x_{2,1} + \cdots + \beta_n x_{2,n} \\ \vdots \\ \beta_0 + \beta_1 x_{m,1} + \cdots + \beta_n x_{m,n} \end{pmatrix} + \begin{pmatrix} \varepsilon_1 \\ \varepsilon_2 \\ \vdots \\ \varepsilon_m \end{pmatrix}$$

我们可以将上述概念与下列联立方程式对照，彼此完全相同：

$$y_1 = \beta_0 + \beta_1 x_{1,1} + \cdots + \beta_n x_{1,n} + \varepsilon_1$$
$$y_2 = \beta_0 + \beta_1 x_{2,1} + \cdots + \beta_n x_{2,n} + \varepsilon_2$$
$$\cdots \cdots$$
$$y_m = \beta_0 + \beta_1 x_{m,1} + \cdots + \beta_n x_{m,n} + \varepsilon_m$$

从上述推导我们可以得到，使用矩阵公式 $y = X\beta + \varepsilon$ 后整体简洁许多。

22-5 简单的线性回归

了解上述概念后，也可以使用下列公式表达简单的线性回归：

$$\begin{pmatrix} y_1 \\ y_2 \\ \vdots \\ y_m \end{pmatrix} = \begin{pmatrix} 1 & x_1 \\ 1 & x_2 \\ & \vdots \\ 1 & x_m \end{pmatrix} \begin{pmatrix} b \\ a \end{pmatrix} + \begin{pmatrix} \varepsilon_1 \\ \varepsilon_2 \\ \vdots \\ \varepsilon_m \end{pmatrix}$$

请记住因为线性回归方程是：

$y = ax + b$

b 是截距，所以上述是 $\begin{pmatrix} b \\ a \end{pmatrix}$。